Contraste insuffisant

NF Z 43-120-14

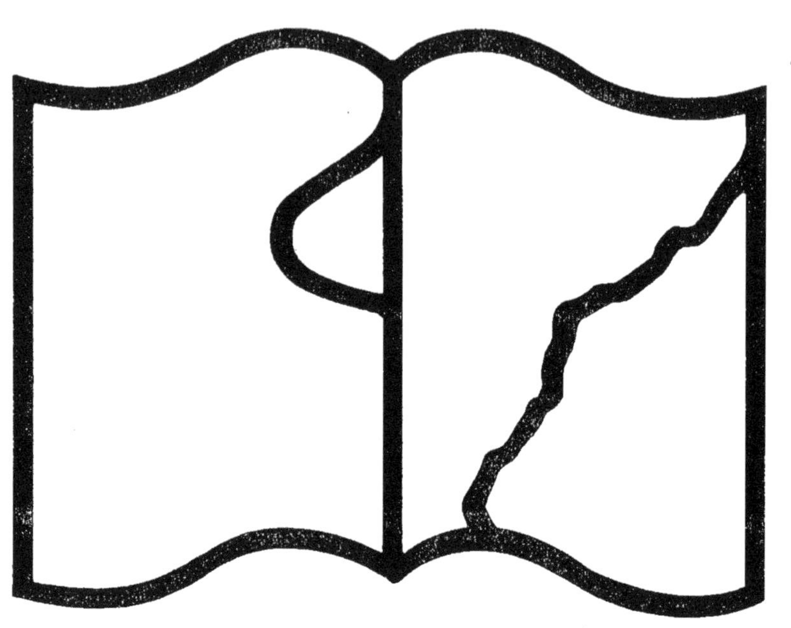

BIBLIOTHÈQUE SCIENTIFIQUE-INDUSTRIELLE ET AGRICOLE

Des Arts et Métiers, XXXIV

MATÉRIEL

ET

PROCÉDÉS DE L'EXPLOITATION

DES MINES

PERFORATEURS ET MACHINES A ABATTRE LA HOUILLE

SONDAGES, MACHINES D'ÉPUISEMENT, ETC.

PAR

MM. E. SOULIÉ et A. LACOUR

Ingénieurs civils, anciens élèves de l'école des mines,

SUIVIE D'UNE NOTE

Sur la perforation mécanique à la ligne de Marihaye.

Par M. **L. THÉONARD**,

Ingénieur des mines.

———

de xiv-107 *pages de texte compacte gr. in-8° avec 10 figures intercalées*
et 12 planches in-4° et nombreux tableaux.

———

10 francs

———

PARIS

LIBRAIRIE SCIENTIFIQUE, INDUSTRIELLE ET AGRICOLE

Eugène LACROIX, Imprimeur-Éditeur

Du Bulletin officiel de la Marine et de plusieurs Sociétés savantes

54, RUE DES SAINTS-PÈRES, 54

MATÉRIEL

ET

PROCÉDÉS DE L'EXPLOITATION

DES MINES

EXTRAIT DE LA TABLE DES MATIÈRES.

TABLE DES PLANCHES

Imprimerie et Librairie de E. LACROIX, 54, rue des Saints-Pères, Paris.

BIBLIOTHÈQUE SCIENTIFIQUE-INDUSTRIELLE ET AGRICOLE
Des Arts et Métiers. XXXIV

MATÉRIEL

ET

PROCÉDÉS DE L'EXPLOITATION

DES MINES

PERFORATEURS ET MACHINES A ABATTRE LA HOUILLE

SONDAGES, MACHINES D'ÉPUISEMENT, ETC.

PAR

MM. E. SOULIÉ et A. LACOUR

Ingénieurs civils, anciens élèves de l'école des mines,

SUIVIE D'UNE NOTE

Sur la perforation mécanique à la ligne de Marihaye.

Par M. **L. THÉONARD**,

Ingénieur des mines.

*de XIV-107 pages de texte compacte gr. in-8° avec 10 figures intercalées
et 12 planches in-4° et nombreux tableaux.*

10 francs

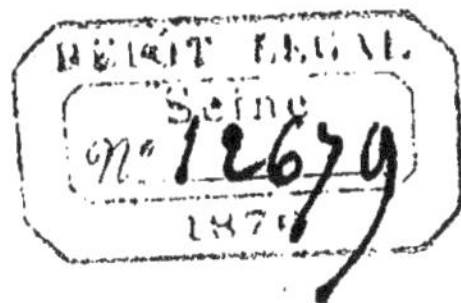

PARIS

LIBRAIRIE SCIENTIFIQUE, INDUSTRIELLE ET AGRICOLE
Eugène LACROIX, Imprimeur-Éditeur
Du Bulletin officiel de la Marine et de plusieurs Sociétés savantes
54, RUE DES SAINTS-PÈRES, 54

MATÉRIEL

et

MÉMOIRES DE L'EXPLOITATION

PRÉFACE DE L'ÉDITEUR

Pour répondre à de nombreuses demandes, nous avons groupé dans ce recueil les principaux articles publiés par MM. SOULIÉ et LACOUR, dans nos *Annales du Génie civil* et dans le supplément pour les années 1867-1868, qui a pour titre : *Études sur l'Exposition de* 1867.

Nous rappellerons à nos lecteurs que ces *Études* n'ont pas été faites seulement au point de vue de l'Exposition. Chacun des articles qui y ont été traités, formait une monographie, une étude théorique et pratique des plus complète.

Nous avons pu par une petite correction sur les clichés, donner au texte une pagination suivie ; mais les *planches tirées à différentes dates et provenant des atlas de la publication ont dû conserver leur numéro d'ordre.*   E. L.

PORTEFEUILLE

DE

L'INGÉNIEUR DES CHEMINS DE FER

(2ᵉ SÉRIE [1])

Par MM. PERDONNET, POLONCEAU & FLACHAT

Interrompu une première fois par la mort d'un de ses fondateurs, M. Camille Polonceau, le *Portefeuille de l'Ingénieur des chemins de fer* a subi un second temps d'arrêt par l'impossibilité où s'est trouvé M. Sauvage, ingénieur en chef des mines, aujourd'hui directeur de la Compagnie de l'Est, de donner à cette publication le concours qu'il lui avait promis. La nouvelle perte d'un collaborateur aussi remarquable par son savoir et par sa pratique pouvait, pour un moment, retarder la continuation d'un ouvrage aussi utile, mais ne pouvait nullement en compromettre la réussite. M. Perdonnet s'est armé de courage et a seul, pendant quelque temps, continué l'œuvre qu'il avait fondée. Mais il avait trop compté sur ses forces, sur ses loisirs, et bientôt le nombre et la multiplicité de ses travaux, la refonte complète de son *Traité élémentaire des chemins de fer*, etc., l'engagèrent à s'adresser à M. Flachat pour achever l'œuvre commencée en 1842 avec M. Polonceau.

Cette nouvelle série du *Portefeuille des chemins de fer* est aujourd'hui terminée.

Nous n'avons pas à faire ici l'éloge du *Nouveau Portefeuille*, dont toutes les administrations et tous les ingénieurs ont apprécié l'utilité, mais nous croyons devoir indiquer quelques-unes des planches qui ont été réparties en douze séries :

La série **A** est consacrée spécialement aux travaux de terrassements, et à l'assainissement et à la consolidation des talus.

La série **B** reproduit les diverses espèces de rails.

Les planches de la série **D** représentent des changements et des croisements de voies.

La série **E** comprend les plaques tournantes, les chariots de service et les disques-signaux.

Les séries **F** et **G** représentent des wagons de divers systèmes et ayant diverses destinations.

La série **H** donne les détails des grues ; la série **J**, les détails des wagons de terrassement et du frein Guérin.

La série **K**, une des plus importantes par le nombre de ses planches, représente des plans de gares, des bâtiments types, des dispositions de stations, etc.

La série **M**, la plus importante de toutes, représente des ponts et ponceaux, des viaducs, des tunnels, des travaux d'art de toute nature (travaux exécutés du réseau français et des réseaux étrangers). On peut dire que MM. Perdonnet, Flachat et Polonceau ont fait de cette série un véritable cours de construction.

La série **N** représente des locomotives des diverses Compagnies françaises et étrangères. On y trouve des spécimens de tous les types de tous les systèmes connus et adoptés.

Enfin la série **O** nous représente des tenders.

Comme on le voit, rien de ce qui concerne les chemins de fer n'a été

[1] La 1ʳᵉ série de cet ouvrage a été publiée d'abord en 1843, par MM. Perdonnet et Polonceau ; elle était éditée par M. A. Mathias. Une 2ᵉ édition revue et corrigée de cette 1ʳᵉ partie a été réimprimée en 1862, par les soins de l'éditeur Lacroix, successeur du précédent.

mis dans le *Portefeuille de l'Ingénieur des chemins de fer*, dont le texte se
subdivise en trois sections :

1° Le Texte proprement dit, où la partie technique est entièrement passée
en revue ; 2° les Documents, qui sont les renseignements pratiques
par excellence ; 3° enfin la Légende explicative et raisonnée des
planches qui composent le *Portefeuille* proprement dit.

Complété par trois livraisons qui ont paru il y a quelque temps, le *Portefeuille* de MM. Perdonnet, Polonceau et Flachat constitue désormais,
comme nous le disions plus haut, un véritable cours de construction qui
distance, sans qu'il y ait de comparaison à établir, tous ceux publiés jusqu'à ce jour. Car, en dehors des chemins de fer proprement dits (la voie),
toutes les grandes questions de constructions y sont traitées ; charpente
en bois et en fer, échafaudages, fondations, travaux hydrauliques, ponts et
ponceaux métalliques et en maçonnerie, grands travaux d'art, etc., etc.;
construction et aménagement des gares, maisons de garde, etc., etc. On
trouve, dans cette dernière série, de véritables types qui ont servi à nombre d'architectes pour la construction des maisons modernes.

CONDITIONS DE VENTE

DU PORTEFEUILLE DE L'INGÉNIEUR DES CHEMINS DE FER

1re PARTIE. 3 *volumes in-8° et un Atlas in-folio.* 2e *édition. Paris,* 1861-1862.

Le Texte forme un volume de 630 pages, avec tableaux ; il est accompagné de
90 figures. Le volume de Documents compte 327 pages ou tableaux. Celui des
Légendes explicatives des planches en a 233. Enfin, les planches de l'Atlas, réunies dans un carton, au nombre de 170, se subdivisent en 11 séries :

1	Série A.	3	Travaux de terrassement.	
2	— B.	11	Rails et coussinets.	
3	— C.	3	Outils disposeurs de la voie.	
4	— D.	17	Changements et croisements de voies.	
5	— E.	20	Plaques tournantes.	
6	— F.	28	Diligences, wagons, freins, essieux, ressorts, détails.	
7	Série G.	13	Wagon à bagages et à marchandises.	
8	— H.	7	Grues hydrauliques.	
9	— J.	11	Wagons de terrassement.	
10	— K.	51	Gares de voyageurs, a marchandises, débarcadères, stations, ateliers, etc.	
11	— L.	6	Hangars, charpente, grue de M. Arnoux.	

Prix de cette partie ou série : **150** fr.

2° PARTIE (ou Nouveau Portefeuille, *pour le distinguer de la* 1re *Série*).

Cette partie, comme la 1re, se compose : 1° d'un volume de Texte de 592 pages
ou tableaux ; 2° d'un volume de Documents de 446 pages, accompagnées de plusieurs figures ; 3° de la Légende explicative de l'Atlas. Cet atlas se compose de
168 planches réunies dans un carton, qui, ainsi que pour la 1re partie de l'ouvrage,
sont également subdivisées en plusieurs séries :

Prix de cette 2e partie : **225** fr.

Série A.	10	Terrassements, talus.	
— B.	7	Rails divers, coussinets, écluses, nouveau système de voie.	
— D.	4	Changements et croisements de voies.	
— E.	9	Plaques tournantes, chariots de service, disques-signaux.	
— F.	10	Train impérial d'Orléans, wagons à voyageurs et à marchandises. détails de wagon.	
— G.	1	Wagons-écuries.	
Série H.	3	Grues-réservoirs, grues hydrauliques, détails.	
— J.	3	Wagons de terrassement, frein Guérin.	
— K.	31	Plans de gares, bâtiments de stations, maisons de garde.	
— M.	73	Ponts et viaducs les plus remarquables, types de ponts métalliques.	
— N.	16	Locomotives, types de tous pays, à voyageurs et à marchandises.	
— O.	1	Tenders divers.	

Le prix du *Portefeuille* et du *Nouveau Portefeuille*, lorsqu'on les prend ensemble, est de **350** fr.

Les clients de la maison et les personnes qui donneront de bonnes références pourront effectuer le payement de ces 350 fr. par fractions, savoir :
100 fr. au comptant et 250 fr. en cinq billets de 50 fr. chacun, payables à
trois mois d'intervalle.

Paris, 1er *septembre* 1868. · L'Éditeur, EUGÈNE LACROIX.

MINES & DE LA MÉTALLURGIE

ADAM (A.). — Prix de réglement des travaux de couvertures en zinc. In-4, 34 p.   3 »

ANSIAUX (L.) et MANSION (L.). — Traité pratique de la fabrication du fer et de l'acier puddlé. In-8, 282 p. et atlas in-4 de 28 pl.   15 »

APPOLT. — Description d'un nouveau four à coke. In-8, avec pl.   4 »

BALLIANO. — Métallurgie du mercure. In-8.   4 »

BAYLE, professeur de minéralogie et de géologie à l'Ecole des ponts et chaussées. — Cours de minéralogie et de géologie. Paris, 1869. (Cours autographié, p. 1 à 248). In-4 avec 400 gr. dans le texte.   12 50

BEAU. — Atlas du mineur et du métallurgiste (2e année 1838), pl. 26 à 57 et texte. Gr. in-f., d.-r. v.   28 »

BEAUDEMOULIN. — Étude sur une propriété spéciale du sable. In-8.   2 »

BERTHIER. — Essais par la voie sèche. 2 vol. in-8. Rare.   »

BERZÉLIUS. — Traité de chimie minérale. 6 vol. in-8.   54 »

BESNARD. — Traité d'éclairage minéral. In-8.   1 »

BEUDANT. — Voyage minéralogique en Hongrie. 3 vol. et atlas in-4. Rare. »

— Minéralogie et géologie. 1 vol. in-18.   6 »

BIDAULT (E.). — Etudes minérales. Mines de houille de l'arrondissement de Charleroi. 1 vol. in-4, 180 p. et 6 pl. in-folio.   15 »

BLAVIER. — Jurisprudence des mines. 3 vol. in-8.   20 »

BOILEAU. (L.-A.). — De l'emploi du fer dans les constructions. Gr. in-8. 3 »

BOUCHACOURT. — Notice industrielle sur la Californie. Br. in-8, 72 p. 2 50

BRARD. — Minéralogie appliquée aux arts. 3 vol. in-8, 1821.   25 »

— Traité des pierres précieuses. 2 vol. in-8, avec pl., 1808. Rare.   »

BUQUET. — Note sur la fabrication et la réception des chaines en fer forgé, broch. in-8.   2 »

BURAT (A.). — Matériel des houillères en France et en Belgique. 1 vol. gr. in-8 et atlas de 77 pl.   60 »

— Supplément au matériel des houillères. 1 vol. gr. in-8 et 1 atlas de 40 pl. in-fol.   30 »

— Géologie appliquée, ou traité du gisement et de l'exploitation des minéraux utiles. 2 vol. in-8, avec fig.   25 »

— Géologie de la France. 1 vol. gr. in-8, avec de nombreuses fig. 16 »

— Minéralogie appliquée. 1 vol. in-8, avec 224 fig. intercalées dans le texte.   10 »

— Cours d'exploitation des mines. 1 vol. gr. in-8 de 650 pages et 1 atlas in-fol. de 130 pl.   80 »

— Les Houillères de la France en 1866. 1 vol. gr. in-8 et 1 atlas in-4 de 25 pl. dont plusieurs doubles et triples.   20 »

— Les Houillères en 1867. 1 vol. gr. in-8 et 1 atlas de 25 pl. dont plusieurs doubles et triples.   20 »

— Les Houillères en 1868. 1 vol. gr. in-8 et un atlas in-4 de 25 pl. dont plusieurs doubles et triples.   20 »

— Les Houillères en 1869. 1 vol. gr. in-8 et un atlas in-4 de 12 pl. dont plusieurs doub. et triples.   15 »

— Les Houillères en 1872. 1 vol. gr. in-8 et un atlas in-4 de 10 pl. doubles.   45 »

BURY. — Traité de la législation des mines. 2 vol. in-8.   18 »

CAILLAUX (Alfred). — Tableau général et description des mines métalliques et des combustibles minéraux de la France. 1 vol. gr. in-8.   15 »

CALLON. — Cours d'exploitation des mines. 2 vol. in-4 et 2 atlas.   60 »

— Cours de machines professé à l'École des mines. 2 vol. in-4 et 2 atlas.   50 »

CAMBRÉZY. — Dictionnaire minier et métallurgique allemand-français. In-18 relié. 4 »

CAMEMME. — Essai pratique sur l'emploi ou l'art de travailler l'acier. In-8. 7 »

CAMUS. — Trempe des fers et des aciers. In-8, 390 p. *Rare*. »

CARTIER (E). — Album et calculs de résistance de fers marchands et spéciaux. Album in-fol. 5 »

CASTELAIN. — Bassin houiller de la province de Burgos. In-8, avec cartes coloriées 1865. 6 »

CERFBERR DE MEDELSHEIM (A). — De l'état actuel de la métallurgie en Europe. Houille, bois. Industrie métallurgique, fonte, fer, plomb, zinc, machines, armes, etc. 1 vol. in-8, 447 p. 6 »

CHALLETON DE BRÛGHAT (F.), ingénieur. — De la tourbe. Etudes sur les combustibles employés dans l'industrie. Nouveau tirage, augmenté d'un appendice. Etudes sur le coke, au point de vue de son emploi dans les machines locomotives, précédé de la carbonisation du bois suivie en Chine. 1 vol. in-8, 500 p. 7 50

COGNIET. — Les huiles minérales. Gr. in-8. 4 »

COMBES (CH.), ingénieur en chef des mines. — Traité de l'exploitation des mines. 3 vol. in-8, avec atlas. *Rare*.

COLSON. — Hydrocarbures des schistes bitumineux lignifères. In-8. 4 »

COMPTE RENDU des travaux des ingénieurs des mines, et résumé des travaux statistiques de l'administration des mines; publication faite annuellement depuis 1834, par le ministère des travaux publics. Chaque volume se vend séparément à prix divers. »

COSTE ET PERDONNET. — Mémoire métallurgique sur le traitement des minerais. In-8, avec pl. 9 »

COUCHE. — Emploi de la houille dans les machines locomotives. In-8, 75 p. 5 »

DALLOZ (Edouard). De la propriété des mines et de son organisation légale en France et en Belgique, guide théorique et pratique du légiste, de l'ingénieur et de l'exploitant, suivi de recherches sur la richesse minérale et la législation minière des principales nations. 2 vol. in-8, d'ensemble 1,370 p. *Rare*.

DAMOURETTE. — Résistance de la fonte de fer à la compression. In-8. 2 »

DANKS. — Le puddlage mécanique par le procédé Danks. 1 vol. in-8, avec pl. 4 »

DELBOS ET KOECHLIN. — Description géologique et minéralogique du département du Haut-Rhin. 2 vol. in-8, 1 carte et 4 coupes. 30 »

DELVAUX DE FEINFFE. — Situation de l'industrie du fer en Prusse. In-8 et une carte. 5 »

DEMANET fils. — Traité de l'exploitation des mines de houille. 1 vol. gr. in-18, de 404 p., 126 fig. et tableaux. Relié. 6 »

DENFER. — Album de serrurerie. Gr. in-4, contenant 100 pl. 13 »

DESCLOISEAUX. — Manuel de minéralogie. 2 vol. in-8 et atlas. 30 »

DESSOYE (J.-B.-J.), ancien manufacturier. — Guide pratique de l'emploi de l'acier, ses propriétés, avec une introduction et des notes par Ed. GRATEAU, ingénieur civil des mines. 1 vol. de 303 p. 4 »

DESTREM (le docteur Raoul). — Mémoire sur l'industrie minérale en France, contenant les procédés nouveaux pour l'extraction, la préparation et le traitement des minerais et des métaux autres que le fer. 1 vol. in-8, 448 p., avec 10 pl. in-4. 6 »

DEVILLEZ, professeur de mécanique. — Emploi des machines dans l'intérieur des mines. 1 vol. in-8 et atlas in-4. 15 »

— De l'exploitation de la houille, à la profondeur d'au moins mille mètres, 2e édit., rev. et augmentée. 1 vol. in-8, 222 p. et 2 pl. 1859. 6 »

DIDIER-COYARD. — Tarif du poids des fers et des fontes. In-8. 4 »

DORLHAC. — Méthode d'exploitation des mines de houille et d'anthracite. In-8 et pl. 5 »

— Etudes sur les filons plombifères des environs de Brioude. In-8. 5 »

DORMOY. — Topographie souterraine du bassin houiller de Valenciennes. 1 vol. in-4 et atlas in-fol. contenant 25 cartes col. *Rare*.

DRAPIEZ. — Guide pratique de minéralogie usuelle. Exposition succincte et méthodique des minéraux, de leurs caractères, de leurs compositions chimique, de leurs gisements, de leurs applications aux arts et à l'économie. 1 vol., 504 p.   4 »

DRIAN. — Minéralogie et pétrologie des environs de Lyon. 1 vol. in-8, 1849.   10 »

DROUOT. — Notice sur les gîtes de houille de Saône-et-Loire. 1 vol. in-4. 11 »

DUFRÉNÉ. — Les monnaies; historique, fabrication. Gr. in-8, 21 p., 26 fig.   1 50

— Les métaux bruts ; extraction, exploitation et manipulation. Gr. in-8, 48 p. et 2 pl.   2 50

DUFRÉNOY et ÉLIE DE BEAUMONT. — Voyage métallurgique en Angleterre, ou Recueil de Mémoires sur le gisement, l'exploitation et le traitement des minerais de fer, étain, plomb, cuivre, zinc, dans la Grande-Bretagne. 2ᵉ édition, corrigée et considérablement augmentée ; 2 forts vol. in-8, avec atlas de 39 pl., compris deux cartes géologiques de l'Angleterre, col.   20 »

DUFRÉNOY. — Cours de minéralogie appliquée aux constructions. Cours professé à l'École nationale des ponts et chaussées. Édition de 1847. 1 vol. in-4 autographié de 326 p. et 5 pl.   20 »

— Traité complet de minéralogie. 5 vol. in-8 dont 1 de 260 pl. *Rare.*

DUHAMEL DU MONCEAU. — Géométrie souterraine. 2 vol. in-8 et pl. 1787.   10 »

DULEAU. — Essai théorique et expérimental sur la résistance du fer forgé. 1 vol. in-4, avec pl.   6 »

DUPONT. — Traité de la jurisprudence des mines, etc. 3 vol. in-8.   25 »

DURAND. — L'industrie, le capital et les mines de Saint-Georges en présence du public. 1 vol. in-8, 118 p.   2 »

DUROY DE BRUIGNAC. — Étude sur l'enquête métallurgique. In-8, 71 p.   2 50

EBRAY. — Études géologiques sur le département de la Nièvre. Gr. in-8, 372 p. et 25 pl.   20 »

ECK. — Applications du fer, de la fonte et de la tôle dans les constructions civiles. 2 vol. grand in-fol. contenant 146 pl.   100 »

ENQUÊTE sur l'industrie métallurgique, sur le traité de commerce avec l'Angleterre. 2 vol. in-4.   25 »

EVRARD. — Les moyens de transport appliqués dans les mines, les usines et les travaux publics. 2 vol. in-8 et 1 atlas de 125 pl. in-fol.   100 »

FABRÉ. — Rectification des formules employées pour calculer les ponts métalliques. In-8.   2 50

— Théorie des charpentes. In-8, 64 p. et 1 pl.   4 »

FAIRBAIRN (William), membre de la Société royale de Londres. — Guide pratique de la métallurgie du fer, son histoire, ses propriétés et ses différents procédés de fabrication, traduit de l'anglais, avec l'approbation de l'auteur et augmenté de notes et d'appendices, par M. Gustave MAURICE, ingénieur civil des mines, secrétaire de la rédaction du *Bulletin de la Société d'encouragement.* 1 vol., 331 p. et 68 fig.   6 »

FAURE (F.). — Description des calorifères en fonte, perfectionnés à lames rayonnantes. In-4 et 8 fig.   2 25

FELLOT. — Note sur la machine à perforer les roches du capitaine PENRICE, pour le percement des tunnels et galeries de mines. In-8 et 2 pl. *Mémoires des ingénieurs civils* 1868.   25 »

FLACHAT, BARRAULT (A.), ET PETIET (J.), ingénieurs. — Traité de la fabrication de la fonte et du fer, envisagée sous les trois rapports, chimique, mécanique et commercial. 1ʳᵉ *partie.* Fabrication de la fonte ; 2ᵉ *partie.* Fabrication du fer ; 3ᵉ *partie.* Examen statistique et commercial. 3 vol. in-4, ensemble 1,439 p., avec atlas grand in-fol. de 92 pl. dont 6 doub. 200 »

FLACHAT (Eug.). — Étude sur l'usure et le renouvellement des rails. In-8, 26 p.   2 »

FOURNEL. — Études des gîtes minéraux du bocage Vendéen. 1 vol. in-4 et atlas in-f. de 12 pl. coloriées.   25 »

FRANÇOIS (J.). Recherches sur le gisement et sur le traitement direct des minerais de fer, etc. 1 vol. in-4 et atlas.   25 »

FRANQUOY. — Des progrès de la fabrication du fer dans le pays de Liége. In-8, 145 p.   3 50

GARELLA. — Études du bassin houiller de GRAISSESSAC, faite en 1838. 1 vol. in-4 et atlas in-fol. de 14 pl. col. 20 »

GAUDARD (J.), ingénieur civil. — Études comparatives de divers systèmes de ponts en fer. 1 vol. gr. in-8, de 140 p.

14 tableaux, et accompagné d'un atlas in-4 de 9 pl. doubles.　　12 »

GAUDARD. — Théorie et détails de construction des arches de ponts en métal et en bois. 1 vol. gr. in-8, avec 38 fig. dans le texte et 3 gr. pl.　　4 »

GAUDRY. — Guide pratique pour l'essai des matières industrielles d'un emploi courant dans les usines, etc. 1 vol. in-18 de 264 pag. nombreuses figures et tableaux.　　4 »

GILLOT (A.), ingénieur civil des mines. — Carbonisation du bois, emploi du combustible dans la métallurgie du fer.

1re *partie* : 1° carbonisation en forêt carbonisation en vase clos, séparation et rectification des produits de la distillation ; 2° perte en combustible dans les traitements des minerais de fer, perte en combustible dans le traitement de la fonte, économie réalisable dans les traitements des minerais, du fer et de la fonte.

2e *partie* : 1° Quelle perte en combustible résulte du traitement des minerais de fer au haut-fourneau ? 2° Quelle perte en combustible résulte du traitement de la fonte au four à réverbère, pour la convertir en fer ou en acier ? 3° Quelles sont les économies réalisables dans le traitement des minerais de fer au haut-fourneau, dans le traitement de la fonte au four à réverbère pour la convertir en fer ou en acier, et quels sont les moyens de les réaliser. 1 vol. gr. in-8 de 404 p. avec figures tabl. et pl. Rel.　　14 »

GISLAIN (H.), ingénieur civil. — Du fer et du charbon à Epinac. — Autun et ses environs. In-8, 68 p. 1 carte et 1 tabl.　　3 »

GLÉPIN. — De l'Établissement des puits de mines dans les terrains ébouleux et aquifères. 1 vol. in-8, avec 1 atlas de 16 pl. gr. in-4 dont plusieurs doub.　　25 »

GODILLOT (J.-B.), conducteur des ponts et chaussées. — Calcul de la résistance des poutres en tôle employées dans la construction des ponts et viaducs, et applications numériques de ce calcul à divers exemples de ponts pour chemins de fer. In-8, 72 p. et 1 pl.　　2 50

GOSSI (Max). — L'industrie sidérurgique et le commerce d'Anvers, br. In-8. 1 »

GRAR (Edouard). — Histoire de la recherche, de la découverte et de l'exploitation de la houille dans le Hainaut français, dans la Flandre française et dans l'Artois (1716-1791).

3 vol. in-4, ensemble 1,082 pages et 4 cartes.　　»

GRAND (A.), ingénieur civil. — Etudes sur les huiles de pétrole, origine et gisement, application, traitement industriel, application du pétrole brut à la fabrication du gaz d'éclairage et au chauffage des foyers industriels. Prix de revient. Décret, etc. 1 vol. gr. in-8, 2 pl.　　7 »

GREINER (Ad.). — Notice sur l'emploi des aciers Bessemer. In-8, 15 p. 1 »

GRUNER ET LAN, ingénieurs des mines. — État présent de la métallurgie du fer en Angleterre. 1 fort vol. in-8 de 850 p. et 9 pl.　　»

GRUNER. — De l'acier et sa fabrication. 3 vol. in-18, avec pl.　　10 »

— Traité de métallurgie, cours professé à l'École des mines. In-8 et atlas in-folio.　　50 »

GUETTIER (A.). — De l'emploi pratique et raisonné de la fonte de fer dans les constructions. Recueil d'expériences, d'études et d'observations pratiques adressé aux ingénieurs, aux architectes, aux conducteurs et à toutes les personnes appelées à se servir de la fonte. 1 vol. de 550 p. in-8, et 1 atlas de 24 pl. in-4.　　30 »

— Données sur des constructions de ponts en fonte. Broch. in-8, 30 p. et 2 pl.　　3 »

— Bronze et fonte d'art, ouvrages d'art en métaux. 43 p.　　2 »

— Guide pratique des alliages métalliques. 1 fort vol. in-18, 342 p. Relié.　　4 «

Ouvrage adopté par M. le ministre de l'instruction publique.

— De la fonderie telle qu'elle existe aujourd'hui en France. In-4, 1re édit., avec appendice de la 2e édition. *Rare*.　　40 »

GUÉNIVEAU. — De l'état de la fabrication du fer en France, etc. In-8, et pl.　　4 »

GUILLAUME, ingénieur constructeur. — Tableau de la résistance des fers à double T employés dans la construction des bâtiments et autres. In-4, oblong.　　3 »

HARZÉ (Emile), ingénieur des mines. — De l'Aérage des travaux préparatoires dans les mines à grisou. 1 vol. in-8, 74 p. et 4 pl.　　5 »

HASSENFRATZ. — La sidérotechnie ou l'art de traiter les minerais de fer pour en obtenir de la fonte ou de l'acier. 4 vol. in-4, 1812.   40 »

HENVAUX (D.), directeur d'usines, ancien directeur de la fabrique de Couillet. — Mémoire sur la construction des laminoirs. 2° édit., 1 vol. gr. in-8, avec fig.   10 »

HÉRON DE VILLEFOSSE. — De la richesse minérale. 3 vol. in-4, avec cart. color. 1819. *Rare.*   »

— Atlas de la richesse minérale. 1 vol. in-8 et atlas in-folio de 44 pl. 50 »

HUET ET GEYLER. — Mémoire sur l'outillage nouveau et les modifications apportées dans les procédés d'enrichissement des minerais. In-8 et 2 pl.   5 »

HUGUENET (Isidore). — Asphaltes et naphtes. Considérations générales sur l'origine et la formation des bitumes fossiles, de leur emploi et de leur propriété aux travaux publics et privés. In-8, 404 p.   10 »

HUGUENY. — Recherches expérimentales sur la dureté des métaux. 1 vol. in-8.   5 »

JACQUOT. — Etudes géologiques sur le bassin houiller de la Sarre, faites en 1847, 1848 et 1850. 1 vol. in-8, avec 3 pl. coloriées et une carte à plusieurs teintes.   12 »

JORDAN (S.). — Album du cours de métallurgie professé à l'Ecole centrale. 140 planches in-folio cotées et à l'échelle, avec la lettre en français et en anglais, et 1 vol. in-8.   80 »

— Notes sur la fabrication de l'acier BESSEMER aux Etats-Unis. 1 broch. gr. in-8, avec pl.   4 »

— Etat actuel de la métallurgie du fer. In-8, avec pl.   5 »

— Fabrication des canons et des projectiles. Gr. in-8, avec pl. *Mémoires de la Société des ingénieurs civils* 1870.   25 »

JOURNAL DES MINES jusqu'à 1815 et y compris cette année. 40 vol. in-8, avec pl., dont 2 vol. de tables analytiques des matières.   300 »

Le *Journal des Mines* a paru sans interruption depuis 1795 jusqu'en 1815, sous les auspices de l'administration des mines de France. Dès 1816, il a été publié et il continue à paraître sous le titre de *Annales des Mines.*

JULLIEN. — Traité théorique et pratique de la métallurgie du fer. 1 vol. in-4, avec atlas de 52 pl.   36 »

KARSTEN. — Manuel de la métallurgie du fer. Traduit de l'allemand, par CULMANN. 3 vol. in-8 et 19 pl. 25 »
— L'édition allemande originale. (1848).   15 »

KNAB (C.), ingénieur chimiste. — Etude sur les goudrons et leurs nombreux dérivés, 46 p. et 8 fig.   3 »

KOHN (F.). — Iron and steel manufacture etc and descriptions of many of the principal iron and steel works in great britain and on the continent. Gr. in-folio, London. 1869.   50 »

KRANS (M.-F.). — Étude sur le four à gaz et à chaleur régénérée de M. Siemens. In-8, 147 p., 5 pl.   10 »

KUHLMANN (F.). — Oxydes de fer et de manganèses, et certains sulfates. Broch. in-4.   1 »

KUPFFERSCHLAEGER (Is.). — Notice sur l'action du fer et du zinc dans les dissolution des métaux dont les oxydes sont solubles dans l'ammoniaque. Br. in-8, 15 p.   » 50

— Tableaux des caractères pyrognostiques que présentent les substances minérales, traitées seules ou avec les réactifs. 10 tableaux, broch. in-4.   3 50

LAMPADIUS. — Manuel de métallurgie générale. 2 vol. in-8, avec pl. 12 50

LANDRIN. — Traité de la fonte et du fer. Théorie et pratique de la fabrication du fer. In-8, 303 p., fig. 2 pl.   10 »

— Traité de l'or. 1 vol. in-12, 415 p.   4 50

— Du plomb, de son état dans la nature, de son exploitation, de sa métallurgie et de son emploi dans les arts. 1 vol. in-18, 556 p.   5 »

— Traité de l'acier. Théorie, métallurgie, travail pratique, propriétés et usages. 1 vol. in-18 jésus, 320 p. 5 »

LÉGER (A.). — Les travaux publics, les mines et la métallurgie au temps des Romains, la tradition romaine jusqu'à nos jours. 1 vol. in-8 de 800 pages et atlas de 12 pl.   12 »

LEMONNIER (M.-D.). — Coup d'œil sur la métallurgie du fer dans l'Est et le Sud-Est de la France. In-8, avec carte et pl., ouvrage tiré à cent exemplaires.   20 »

LEPLAY. — Mémoire sur la fabrication et le commerce des fers et aciers dans le nord de l'Europe. In-8.   3 »

— Fabrication du fer dans l'occident de l'Europe. In-8 et 6 pl.   4 50

de l'École des mines. — Pétrole (le), ses gisements, son exploitation, son traitement industriel, ses produits dérivés, ses applications à l'éclairage et au chauffage. 1 vol., 232 p., avec fig. dans le texte. 4 »

STEERK (major). — Guide pratique de la fabrication des poudres et salpêtres, avec un appendice sur les feux d'artifice. 1 vol. 360 p., avec de nombreuses figures dans le texte. Relié. 6 »

STÉCULORUM (P.), ingénieur. — Du traitement des dissolutions salines pour l'obtention du sel raffiné. Br. in-8, avec pl. 1 50

TERREIL. — Atlas de chimie analytique minérale. In-8. 12 50

TEXTOR DE RAVISI. — La houille et la vapeur (mémoire pour M. POTEL, ingénieur-mécanicien). In-8, 51 pag. 2 »

THEYS (L.-F.-L.), arpenteur-géomètre. — Tables des sinus pour la levée des plans de mines, et pour faciliter quelques opérations de trigonométrie, calculées jusqu'à 100 mètres, à l'usage des ingénieurs, arpenteurs, géomètres, exploitants et directeurs de mines. — Approuvées par M. CAUCHY, ingénieur en chef des mines. 1 vol. gr. in-8. 6 »

TISSIER (Charles et Alexandre), chimistes-manufacturiers. — Guide pratique de la recherche, de l'extraction et de la fabrication de l'aluminium et des métaux alcalins. Recherches techniques sur leurs propriétés, leurs procédés d'extraction et leurs usages. 1 vol. 226 p., 1 pl. et fig. dans le texte. 5 »

TRURAN. — The iron manufacture of great britain theoretically and practically considered including descriptive details of the ores, fuels, and fluxes employed, the preleminary operation of calcination, the blast, refining, and puddling furnaces engines and machinery, and the various processes in union, etc., etc., by W. TRURAN C. E., revised from the manuscrit of the late M. TRURAN, by J. ARTHUR PHILLIPS, author of « a manual of metallurgy, » « records of mining », etc., and William H. DORMAN C. E. THIRD edition, reprinted from the second. In-4, 251 p., 48 pl. London, 1865. 60 »

VALÉRIUS. — Traité théorique et pratique de la fabrication de la fonte et du fer, accompagné d'un exposé des améliorations dont cette industrie est susceptible, principalement en Belgique. 2 vol. in-8, d'ensemble 1,304 p. et 2 atlas in-fól. de 64 pl. 125 »

VAN ALPHEN, métreur-vérificateur de serruxerie. — Manuel calculateur du poids des métaux employés dans les constructions. Nouvelle édition. 1 vol. in-18, 86 p. et 2 pl. 5 »

VAN ERTBORN (Octave). — Mémoire sur les puits artésiens, précédé d'une notice géologique. In-8, 5 pl. 4 »

WALTER DE SAINT-ANGE, ingénieur civil, ancien directeur des hauts-fourneaux, forges et ateliers de construction, etc. — Métallurgie pratique du fer. — Description méthodique des procédés de fabrication de la fonte et du fer, accompagnée de documents relatifs à l'établissement des usines, à la conduite et au résultat des opérations. 1 vol. in-4, 600 p., accompagné d'un atlas gr. in-folio de 66 pl., des machines, appareils et outils employés à cette fabrication, et renfermant tous les détails nécessaires pour exécuter les constructions; dessiné et gravé par Leblanc, professeur. 125 »

WILLIAMS (Wye). — Considérations chimiques et pratiques sur la combustion du charbon et sur les moyens de prévenir la fumée; traduit par BONA CHRISTAVE. 1 vol. in-8, 320 p. 7 »

WILLIOT. — Mémoire sur la stabilité des poutres droites symétriques. In-8 et pl. 4 »

ZORÈS. — Systèmes de voies ferrées. In-4. 15 »

— Album contenant les profils, assemblages, dispositions, armatures, suspensions et entretoisages des fers Zorès, suivi de leurs diverses applications à la construction. 1 vol. in-folio orné de 16 pl. 25 »

MATÉRIEL ET PROCÉDÉS DE L'EXPLOITATION
DES MINES

Par M. Émile SOULIÉ,

Ingénieur civil, Ancien Élève de l'École des Mines.

et M. Alfred LACOUR,

Ingénieur civil, ancien Élève de l'École polytechnique et de l'École des mines.

(Planches XIV, XV et XVI).

—

I

INTRODUCTION.

L'Exposition universelle de 1867 met en évidence des perfectionnements apportés au matériel et aux procédés de l'exploitation des mines et des carrières. Pour apprécier ces perfectionnements à leur valeur et pour en bien saisir la portée, il est nécessaire de connaître les appareils et les procédés ordinairement employés, ceux qui forment, pour ainsi dire, la base de cette importante industrie. Nous allons donc indiquer rapidement, et dans leur ordre naturel, ces divers appareils ou procédés : ce sera le point de départ et, en quelque sorte, l'introduction de cette étude. Nous passerons ensuite à l'examen détaillé des appareils qui figurent à l'Exposition, nous réservant toutefois de signaler ceux qui, ne figurant pas au palais du Champ-de-Mars, constituent néanmoins un perfectionnement sur les moyens précédemment en usage.

Nous ne nous occuperons dans cette introduction que du matériel de l'exploitation des mines ; nous ne pouvons entrer ici dans l'étude et la description théorique des différentes méthodes d'exploitation. Ces méthodes sont nombreuses et chacune d'elles est peu variable. Nous n'y reviendrons dans la suite de ces études que si quelque méthode nouvelle ou quelque modification importante était proposée.

Nous laissons de côté les études préliminaires qui ont trait à la recherche des mines ; elles sont basées sur un examen attentif du sol et sur des considérations théoriques qui sont uniquement du domaine de la géologie, de la géographie locale et de quelques sciences accessoires : elles varient conséquemment dans chaque localité : la boussole et le baromètre sont les auxiliaires habituels de ces travaux.

En suivant l'ordre où les opérations se présentent dans la pratique, nous avons tout d'abord à parler des moyens employés pour l'abattage et l'excavation des roches.

Abattage des roches. Les procédés d'abattage varient suivant la nature des roches qu'il s'agit d'entailler. Les roches ébouleuses sont exploitées au moyen de la pioche, et l'enlèvement des matières abattues se fait au moyen de la pelle; on a recours quelquefois à des coins en bois garnis de fer sur leur biseau qui servent à détacher de gros fragments (dans les gradins par exemple); la charrue peut être aussi d'une certaine utilité pour désagréger les roches de cette nature.

Pour les roches tendres, on emploie le *pic* à une ou à deux têtes et à pointes aciérées, ou la *rivelaine;* ces outils doivent, autant que possible, être équilibrés autour du manche, pour que leur maniement soit commode.

La *pointerole* sert au travail des roches demi-dures; sa forme et la longueur de sa pointe varient avec la dureté des roches à attaquer; elle ne sert que comme un coin sur lequel l'ouvrier frappe avec une massette.

Le travail des roches dures se fait au moyen de la poudre; quelquefois même on a recours à son emploi pour les roches précédentes. La confection des trous de mines au fond desquels on dépose la poudre qui, par l'expansion des gaz provenant de sa combustion, doit désagréger la roche, est une des opérations les plus fréquentes et les plus délicates de l'exploitation des mines. Aussi de nombreux perfectionnements ont-ils été proposés depuis longtemps en vue de diminuer les chances d'accidents inhérentes à cette opération ou pour rendre ce travail plus économique. Les premières modifications ont consisté dans l'emploi des *tubes de Chenalls* pour porter la poudre au fond du trou; puis on a substitué le cuivre doux au fer dans la fabrication des épinglettes et des têtes de bourroirs; l'inflammation avait lieu alors au moyen de bandes de papier enroulées (*canettes*) enduites d'une dissolution de gomme contenant de la poudre qu'on introduisait dans le trou fait par l'épinglette; une mèche soufrée servait à mettre le feu. On substitua à ces canettes, dans le comté de Cornouailles, des tuyaux de plumes emboîtés les uns dans les autres et remplis de poudre; l'ouverture était fermée par un tampon d'argile; par ce moyen on supprima l'épinglette qui précédemment devait rester dans le trou pendant toute la période du bourrage et qui, par le volume du conduit qu'elle formait, diminuait l'effet utile des gaz; dans le même but on a employé, comme étant plus économiques et moins hasardeuses, des mèches formées d'une corde goudronnée contenant dans son axe une traînée de poudre (*mèches de sûreté de Bickford*) qui étaient par là moins exposées à l'action de l'humidité.

D'autres innovations, remontant déjà à une époque reculée, ont pour but d'augmenter l'effet utile d'un poids de poudre donné; elles ont été faites dans le Hartz; elles consistent à placer dans la cartouche un tasseau de bois évidé qui augmente la surface sur laquelle les gaz agissent, ou encore à mélanger à la poudre de la sciure de bois; on arrive par là au même résultat, mais avec l'inconvénient de ralentir la combustion. On a cherché à obtenir un effet analogue en élargissant le fond des trous de mines; l'opération se faisait d'abord au moyen d'un acide; un appareil nouveau (le *cavateur* de M. Trouillet) a été proposé récemment pour faire mécaniquement des chambres à poudre au fond des trous de mines. La poudre de mine a été elle-même l'objet de recherches spéciales en vue d'approprier *sa vivacité* à l'effet à obtenir; on peut citer comme exemple l'emploi qui a été fait pour la construction du port de la Joliette, à Marseille, d'une poudre dans laquelle le nitre avait été remplacé par l'azotate de soude. Il faut remarquer toutefois qu'une semblable poudre doit être nécessairement très-hygrométrique. Nous signalerons enfin comme autant de questions sur lesquelles nous aurons à revenir : l'emploi de la poudre comprimée, de la nitroglycérine, en remplacement de la poudre, l'application de l'électricité au tirage des mines et les outils destinés à percer les trous de mines mécaniquement, comme la bugue de M. Leschot; enfin, les appareils nombreux qui servent à faire mécaniquement soit des trous, soit des entailles en rigoles dans les roches ou dans la houille.

Les roches les plus dures sont attaquées au moyen du feu; on les expose à une chaleur très-forte qui les désagrége, soit en les décomposant chimiquement, soit en leur faisant perdre l'eau qu'elles contiennent : une fois désagrégées, on les débite à la pointerole.

Certaines roches étant solubles dans l'eau, on peut les exploiter par dissolution; le sel gemme est de ce nombre.

L'eau peut être employée aussi comme agent mécanique pour entraîner des roches désagrégées. Nous aurons à parler d'une application récente de ce procédé.

Un outillage spécial sert à l'exploitation de la tourbe. Quand la tourbe est à sec on la découpe avec le petit *louchet à aileron*; lorsque les tourbières sont recouvertes d'eau, on les exploite avec le *grand louchet*. Cette tourbe qui a séjourné sous l'eau n'a souvent pas la consistance voulue pour pouvoir être enlevée en blocs prismatiques au moyen de l'outil précédent; on la pêche alors, pour ainsi dire, avec un filet fixé à un cercle en fer muni d'un manche; le bord du collier du filet est aiguisé de façon à trancher la tourbe; quelquefois dans les grandes exploitations on a recours à la drague.

La tourbe, dans ces derniers cas, n'ayant pas de consistance par elle-même, doit être tassée et moulée en grandes masses rectangulaires que l'on découpe ensuite en briquettes lorsqu'elle a suffisamment perdu d'eau; on la rend aussi plus compacte en la comprimant dans des moules. Depuis quelque temps il s'est fondé une industrie pour la condensation et la carbonisation de la tourbe.

Sondage. Le sondage est employé pour étudier le sol et rechercher des gisements, et aussi comme opération définitive destinée à donner soit des puits jaillissants (puits artésiens) ou des puits absorbants, soit pour l'exploitation de certaines substances liquides telles que le pétrole ou encore le sel gemme, lorsqu'on l'exploite par dissolution au moyen de pompes. Quel que soit le but auquel on le destine, le matériel et les procédés du sondage se rapportent à des types que nous allons indiquer.

On distingue deux modes de sondage : le *sondage à la tige* et le *sondage à la corde*.

L'appareil de sondage à la tige comprend trois parties différentes : *la tête de sonde* qui relie la tige à la corde ou à la chaîne qui la soutient et qui est disposée de façon à permettre le *rodage*, c'est-à-dire à faire agir l'outil en le tournant autour de son axe vertical; *la tige* qui est tantôt en bois armé de fer, tantôt en fer. Les fragments qui composent ces tiges, et dont les dimensions varient suivant l'importance du trou à forer, peuvent être assemblés soit au moyen de pas de vis, soit par enfourchement. Pour les trous de sonde profonds, le poids de la tige deviendrait bientôt énorme et occasionnerait de fréquents accidents : on a cherché à l'équilibrer par des contre-poids. La coulisse d'Æynhausen, imaginée dans le but d'utiliser le poids de la tige lors du battage, a constitué un grand perfectionnement; elle a été modifiée avantageusement par M. Kind. Il faut signaler aussi comme une amélioration le *parachute des tiges*.

Le mouvement de battage est transmis à la tige soit par un moteur à vapeur, soit, lorsqu'il s'agit de sondages d'une moindre importance, au moyen d'un treuil muni de cames agissant sur un levier qui commande la tige. Le trou de sonde qui a été pratiqué dans la grande galerie des machines, au palais du Champ-de-Mars, a été foré au moyen d'un treuil à déclic particulier sur lequel nous reviendrons plus loin.

Les outils qu'on place à l'extrémité de la tige se divisent en deux catégories : les uns servent à attaquer les roches, ce sont les *trépans*, les *tarières* et les outils spéciaux imaginés par M. Degousée et M. Kind pour élargir les trous de sonde au-dessous d'un tubage; les autres servent soit à curer le trou de sonde, ce sont les tarières et les cloches à soupape ou à boulet, soit à se procurer des échantillons des terrains traversés (appareil de M. Evrard) ou des eaux que l'on rencontre.

Lorsqu'un accident a lieu, que la tige de la sonde s'est brisée et qu'un des fragments est resté dans le trou, on emploie pour l'en retirer soit la *caracole*, soit le *tire-bourres*, soit l'*accrocheur à pinces*, soit la *cloche à écrou*.

L'ensemble d'un appareil de sondage, tige et outil, est supporté par une chaîne ou une corde qui passant sur la gorge d'une poulie solidement fixée au sommet d'une chèvre en bois est reliée à l'autre extrémité à l'appareil qui lui donne le mouvement, treuil, roue à chevilles, manége ou machine à vapeur. Les formes et les dimensions des chèvres sont très-variables et dépendent de la profondeur que doit atteindre le trou.

Les tuyaux en métal (tôle, zinc, bronze, cuivre) qui sont généralement employés au revêtement des trous de sonde étant sujets à céder à la pression des terrains environnants, on a inventé plusieurs outils spéciaux pour couper les portions de colonnes avariées et pour les enlever : ce sont notamment les bouchons coniques taraudés, la navette et l'arrache-tuyau qui saisit la colonne de tube par le bas; plusieurs de ces outils ont été imaginés par M. Kind.

Le sondage à la corde est peu employé en Europe; il a été employé fréquemment aux États-Unis pour le forage des puits à pétrole. Les tiges rigides indiquées précédemment sont ici remplacées par une corde en fil ou en aloès; il en résulte qu'on n'emploie alors comme outils que ceux qui agissent par percussion; les outils de rodage ne pourraient être utilisés ici. La chèvre qui supporte l'appareil est réduite à des dimensions moins considérables; le battage se fait au moyen d'un long levier à secteur auquel est fixée une corde qui embrasse par un nœud coulant la corde qui supporte l'outil. Dans le forage de certains puits à pétrole, aux États-Unis, on a beaucoup simplifié cet appareil : on a supprimé la chèvre et le levier à secteur; l'appareil est supporté par un simple madrier planté verticalement dans le sol et portant à son extrémité supérieure une poutre horizontale mobile autour d'un axe horizontal. Cette dernière soutient d'un côté la corde qui porte l'outil; à l'autre extrémité elle est munie d'un contre-poids; une corde portant un étrier permet de produire le battage : l'oscillation du levier est limitée par une autre corde fixée à la terre.

M. Degousée a proposé, depuis longtemps, un procédé mixte entre le sondage à la tige et le sondage à la corde; il consiste à employer une tige creuse dans la partie inférieure de laquelle l'outil d'attaque est emboîté et peut glisser verticalement. Cet outil porte à sa tête un système de pince d'accrochage qui peut saisir, lorsqu'elle vient butter contre elle, l'extrémité de la corde fixée à une tige de fer portant des saillies qu'emboîte la pince; on réunit ici les avantages du sondage à la corde (légèreté de l'appareil et manœuvre facile) à ceux du sondage à la tige (possibilité d'agir par rodage); on évite en outre la dégradation des parois du trou de sonde par suite du mouvement de l'appareil, la corde se mouvant dans l'intérieur d'une tige creuse qu'on allonge à volonté et qui remplit l'office d'un tubage provisoire.

Boisage et muraillement des galeries souterraines. La percée des galeries de mines se fait au moyen des appareils que nous avons déjà indiqués et dont les plus récents seront décrits ultérieurement. La roche une fois abattue laisse dans le sol un vide destiné à former les galeries et qu'il importe de protéger contre

les éboulements qui pourraient survenir ou contre les poussées latérales. C'est
le but du boisage; il ne s'applique qu'aux galeries de section ordinaire (4$^{m\,2}$ au
plus) et situées dans des terrains assez consistants. La forme des boisages varie
suivant la nature du terrain: parfois il faut faire un boisage complet afin de se
mettre de tous côtés à l'abri du mouvement du terrain; d'autres fois il suffit de
se mettre en garde seulement contre l'éboulement d'une paroi. Dans le cas où
l'on traverse des terrains très-coulants, comme des sables ou des argiles aquifères, il faut compléter le boisage au moyen de *palplanches* : ce sont les planches
que l'on pousse entre les parois du terrain et les cadres de boisage; le terrain
n'apparaît plus alors que sur le sol de la galerie. Un cadre de boisage complet
se compose de deux *montants* latéraux, d'un *chapeau* qui les réunit au toit de la
galerie, et d'une *semelle* qui repose sur le sol; toutes ces pièces sont généralement assemblées à mi-bois.

Les bois qui servent à ces travaux sont principalement le chêne, le pin et le
sapin; on les dépouille de leur écorce pour faciliter leur conservation; on évite
aussi de les fendre pour ne pas diminuer leur résistance. Les bois qui ont séjourné dans l'eau sous une forte pression paraissent résister mieux que les autres
à la carie. On a proposé depuis longtemps un procédé de conservation des bois
destinés au travail des mines basé sur cette observation; on applique aussi à ces
bois les autres procédés de conservation, tels que celui de M. Boucherie (sulfate
de cuivre et de fer) ou le goudron. Les principales causes de destruction des bois
dans ces conditions sont la chaleur de l'air et sa nature viciée; il est chargé de
gaz délétères, provenant de la respiration des ouvriers, de la combustion des
lampes ou des couches mêmes que l'on exploite. L'action de cet air est encore
plus sensible sur les bois qui ont été sciés ou fendus avant leur emploi et dont
les fibres sont à nu; c'est pourquoi on n'emploie guère que des arbres de dimensions telles qu'ils puissent être utilisés suivant leur diamètre naturel; il est clair
d'ailleurs que les cadres résisteront d'autant mieux que les pièces qui les composent seront plus courtes.

Quelles que soient les précautions qu'on prenne, il faut renouveler les boisages au bout d'un certain temps. Pour éviter cet inconvénient, on a employé
quelquefois en Angleterre des pièces en fonte pour soutenir les galeries; il est
évident que cette application ne peut être que très-restreinte et dépend de conditions locales, du prix respectif du bois et de la fonte et de la proximité des
fonderies. On a employé aussi, à Anzin, des pièces de bois portant à leur partie
supérieure un écrou, ce qui facilite la mise en place des pièces et permet de
serrer le boisage à volonté; la poussée du terrain est alors contrebalancée par la
résistance du filet de l'écrou.

Dans les terrains où la poussée est très-forte, les boisages demandent beaucoup d'entretien, et il arrive même qu'ils ne présentent pas une résistance suffisante. On a recours alors au muraillement des galeries; le prix de revient en
est plus élevé, mais la durée est plus grande. On fait parfois dans les galeries un
boisage provisoire qui est remplacé ensuite par un muraillement. Ces muraillements se font soit en pierres sèches, mais alors ils sont sujets à céder aux mouvements du terrain, soit en maçonnerie de pierres ou de briques. Ils peuvent être
comme les boisages, complets ou partiels; la forme de leurs sections est très-
variable : tantôt ils se composent de pieds droits avec voûte circulaire, tantôt ils
ont la forme elliptique ou encore une forme qui s'y rattache et composée d'arcs
de cercles de différents rayons raccordés entre eux. On réserve toujours dans le
radier une rigole pour l'écoulement des eaux; cette rigole se trouve soit au bas
des pieds droits, soit au centre du radier, et dans ce cas elle est elle-même surmontée d'une petite voûte qui porte les rails destinés au roulage intérieur.

Boisage et muraillement des puits de mines. Les puits de mines sont destinés soit à l'extraction des minerais, soit à l'épuisement des eaux au moyen de pompes, soit à l'aérage ; quelquefois ils sont destinés spécialement à la descente et à la remonte des ouvriers. L'emploi des échelles mobiles ne peut se faire qu'au moyen de puits spéciaux ; souvent le même puits réunit plusieurs de ces fonctions.

Les puits boisés ont une section carrée, rectangulaire ou polygonale ; les puits muraillés sont à section circulaire ou elliptique. Ces puits peuvent être inclinés ; le plus généralement ils sont verticaux.

Le boisage des puits carrés ou rectangulaires se compose de cadres formés de quatre pièces de bois reliées entre elles et dont les saillies sont engagées dans des entailles creusées dans la roche. On place des cadres semblables à des distances les uns des autres variables suivant la nature des terrains que l'on traverse : entre les cadres et la paroi du terrain on pousse des planches jointives qui vont d'un cadre à l'autre et forment le garnissage ; les parois intérieures des cadres sont également recouvertes par des planches allant d'un cadre à l'autre. A l'orifice du puits on place un *cadre porteur*, dont les différentes pièces sont beaucoup plus longues que celles des autres cadres et reposent sur le sol. Les cadres ont été divisés lors de leur construction, au moyen de madriers en bois, en autant de parties qu'on veut établir de compartiments dans le puits.

Les boisages à cadres jointifs s'emploient quand le terrain pousse fortement ou que l'on craint l'infiltration des eaux ; les puits boisés à section polygonale s'établissent dans les terrains qui poussent beaucoup.

Dans les puits inclinés, on évite généralement les sections polygonales et on a soin que les cadres de boisages soient perpendiculaires à l'inclinaison.

Au fond du puits on creuse un puisard de plusieurs mètres de profondeur pour y accumuler les eaux et les extraire de là au moyen des pompes. Au point de rencontre des puits avec les galeries on élargit la section de ces dernières, afin de former des chambres d'accrochage qui permettent d'accrocher les bennes aux chaînes ou de les placer dans les cages d'extraction.

M. Triger a imaginé un appareil à air comprimé pour creuser les puits à travers les terrains très-coulants et aquifères ; ce procédé a été employé fréquemment depuis quelque temps, avec des modifications, pour traverser le lit des rivières et établir les fondations des piles de certains ponts ; on a établi par ce moyen les piles du pont de Kehl, de plusieurs ponts sur le Rhône et du pont du chemin de fer du Midi à Bordeaux.

Le muraillement des puits est fait soit en pierres, soit en briques : il peut être partiel ou complet ; il repose toujours sur des cadres encastrés dans les parois du puits et qui supportent la maçonnerie supérieure, de telle sorte que de distance en distance le revêtement en maçonnerie est coupé par des cadres en bois serrés par des coins en bois. Quand la nature du terrain le permet, toute la maçonnerie repose sur un cadre inférieur posé au fond du puits ; d'autres fois, au contraire, le cadre inférieur qui supporte tout le muraillement est fixé par des tiges en fer à un cadre supérieur placé à la surface du sol. Dans les terrains meubles, on commence la maçonnerie à la surface et on la fait enfoncer dans le puits par son propre poids, en ayant recours au besoin à des cadres dont la face est taillée en biseau (*trousses coupantes*) et qu'on dispose à la partie inférieure : c'est le procédé qui a été employé par M. Brunel, pour foncer les puits du tunnel de la Tamise, à Londres. Dans tous les cas, l'intervalle entre la maçonnerie et les parois du trou doit être rempli de matières pilonnées avec soin, d'argile par exemple.

Les puits qui doivent être complétement imperméables à l'eau sont *cuvelés.*

Les cuvelages peuvent être faits soit en bois, soit en métal (fonte ou tôle); quelquefois ce sont des muraillements revêtus de métal (en Belgique, par exemple).

L'assise fondamentale du cuvelage est un cadre en bois solidement encastré dans une roche imperméable; sur ce cadre on en place deux autres destinés à former avec le terrain un joint imperméable. A cet effet, l'un de ces cadres ou trousses est *colleté*, c'est-à-dire qu'on a eu soin de placer contre les parois du trou des lambourdes, et que l'espace (de $0^m.07$ environ) qui sépare le cadre de ces lambourdes est garni de coins en bois chassés jusqu'au refus. Au-dessus on place une *trousse picotée* : les coins sont ici remplacés par des *picots* en sapin et en chêne qui forment un serrage complet. C'est sur cette base qu'on monte les cadres en bois qui forment le cuvelage; ils sont polygonaux et formés de pièces de bois parfaitement dressées dont les extrémités sont simplement juxtaposées. Entre les cadres et les parois on pilonne du mortier hydraulique. Dans les cuvelages très-élevés on multiplie les trousses porteuses que nous venons d'indiquer. Des trous sont percés dans les différentes trousses colletées ou picotées pour mettre tous les niveaux d'eau en communication ensemble.

En Angleterre on a cuvelé certains puits en fonte; les panneaux en fonte, de $0^m.012$ d'épaisseur qui composent ces cuvelages, reposent encore ici sur des trousses colletées et picotées. Les joints des différents segments sont faits au moyen de rouleaux de caoutchouc. On a également essayé, en Angleterre et en Allemagne, des cuvelages en maçonnerie; mais au bout de quelque temps, ces cuvelages ont laissé filtrer les eaux.

Nous ne pouvons que signaler en passant les travaux importants désignés sous les noms de *serrements* et de *plates cuves* destinés à isoler les galeries ou les puits des parties d'une mine envahie par les eaux : ce sont de véritables cuvelages en bois ou en maçonnerie établis soit au travers des galeries, soit au travers des puits.

Aérage des mines. — Les causes qui vicient l'air dans les mines sont nombreuses; ce sont principalement : la respiration des ouvriers; la combustion des lampes; l'inflammation de la poudre employée au tirage des mines; la décomposition des bois et de certaines substances minérales, telles que les pyrites; les dégagements naturels d'acide carbonique et de grisou. L'aérage doit entraîner tous ces gaz au dehors et les remplacer par de l'air respirable; il peut être produit soit par des moyens naturels, soit par des moyens artificiels.

L'aérage naturel se fait au moyen de puits ayant des sections, des niveaux ou des orientations différentes, ou bien par un même puits divisé en deux parties par une cloison verticale; il est produit alors par la différence de température (et par suite de densité) de l'air extérieur et de l'air intérieur.

L'aérage artificiel s'obtient au moyen de foyers placés à la base d'un puits et déterminant ainsi un appel d'air dans les galeries, quand la mine n'est pas sujette aux dégagements de grisou; dans ce dernier cas, on a recours aux machines. En Angleterre cependant, on a employé quelquefois des jets de vapeur pour activer l'appel d'air.

Les machines de ventilation sont nombreuses et variées de formes : ce sont les ventilateurs à force centrifuge, les vis pneumatiques aspirantes, les ventilateurs Fabry et Lemielle, les cloches pneumatiques du Hartz, les trompes, enfin les machines pneumatiques à piston; sauf la trompe, tous ces appareils nécessitent l'emploi d'un moteur, soit hydraulique, soit à vapeur.

L'aérage une fois produit, on a soin de distribuer l'air convenablement à l'intérieur des travaux au moyen de cloisons et de portes qui circonscrivent sa circulation. On constate la vitesse du courant d'air dans les travaux au moyen des anémomètres.

Éclairage. — La question de l'éclairage des mines touche de très-près à celle de l'aérage. Dans les mines qui ne sont pas sujettes à des dégagements de grisou, l'éclairage n'offre rien de particulier : on emploie des chandelles ou des lampes ordinaires. Dans les mines où l'on craint les dégagements de grisou, on emploie les *lampes de sûreté*; toutes ces lampes ont pour point de départ celle de Davy : au-dessus du réservoir d'huile de cette lampe et autour de la mèche est disposée une toile métallique de fer ou de cuivre, qui, en refroidissant les gaz extérieurs, empêche leur inflammation. Cette lampe ne donne qu'une faible lumière. Plusieurs perfectionnements y ont été apportés par MM. Roberts, Dumesnil, Mueseler, Dubrulle, Olanier et autres; nous aurons à y revenir. Il suffira de dire ici que l'on cherche surtout à la rendre plus éclairante et à empêcher que les ouvriers puissent l'ouvrir dans les travaux, afin de prévenir les accidents.

Les moyens employés jusqu'ici contre le *grisou* se réduisent à des précautions destinées à éviter les explosions de ce gaz. Les principales consistent dans une bonne construction de lampes de sûreté et dans un aérage bien fait. On en a cependant proposé d'autres : par exemple, on enflammerait, au moyen de l'étincelle électrique, le gaz qui pourrait se trouver dans la mine avant d'y faire descendre les ouvriers[1], mais ce moyen n'est pas sans danger et n'a pas reçu d'application à notre connaissance.

Quelques tentatives ont été faites aussi en vue d'employer l'électricité à l'éclairage des mines; une lampe réalisant cette idée a été proposée il y a environ trois ans par MM. Dumas et Benoît.

Transport des minerais. — Les procédés employés pour le transport des minerais dans l'intérieur des mines sont nombreux. Dans certains pays, les transports se font à dos d'homme (dans l'Ariége, par exemple) : c'est le procédé le plus dispendieux et le plus lent, car un homme fait ne peut transporter plus de 70 kilos à la distance de 6 kilomètres. Aussi, dans les localités où cela est possible, a-t-on toujours recours à d'autres moyens de transport. On a songé tout d'abord à transporter les minerais dans des brouettes circulant soit directement sur le sol des galeries, soit sur des planches disposées à cet effet; on a cherché ensuite à construire des brouettes dans lesquelles la composante de la charge qui agit sur les bras de l'homme fût la plus faible possible. Mais, quel que soit le mode de brouettes employées, dès que le roulage doit se faire dans des galeries dont le sol a une inclinaison de plus de 5°, on a recours à des moyens de transport plus perfectionnés : ce sont les chemins formés de rails en bois ou en fer.

Les chemins avec rails en bois sont en usage depuis longtemps en Allemagne; on fait circuler sur ces voies de petits wagons à larges roues plates et munies à leur avant d'une barre de fer verticale qui glisse entre les deux rails très-larges eux-mêmes et donne la direction au wagon : ce sont les *chiens de mine*.

Plus tard, la facilité avec laquelle on a pu avoir des rails en fer a généralisé l'emploi de ces derniers. Les formes sous lesquelles on les emploie dans les mines sont très-variées : ce sont tantôt des fers méplats qui recouvrent des longrines le long de leur face supérieure; tantôt des fers plats posés debout dans des traverses et retenus par des coins; ou bien encore des fers à cornière, des rails à double champignon ou des rails Vignole : leurs dimensions varient avec les poids qu'ils doivent supporter. Au croisement de plusieurs galeries, les embranchements de ces rails se font avec ou sans aiguilles; un procédé fort usité et très-commode consiste à placer sur le sol, au point de jonction des galeries, une plaque de fonte qui porte des rails courbes reliant entre eux les rails extérieurs des deux galeries.

1. Voir les *Annales du Génie civil*, 3e année, p. 391, et 4e année, p. 489. Voir aussi, *Annales du Génie civil*, 6e année, p. 251, la description de l'appareil Ancell destiné à prévenir les ouvriers de la présence du grisou.

Les wagons qui circulent sur ces rails ont, soit les roues calées sur les essieux lorsque les galeries ne présentent pas de courbes à très-petits rayons; soit les roues mobiles sur les essieux, dans le cas contraire; ou bien encore chaque roue est portée sur un essieu indépendant. Les wagons sont en bois, parfois en fer (comme ceux d'Anzin, imaginés par M. Cabany); dans certaines mines, on emploie des plate-formes portées sur des roues, et sur ces plate-formes on place les bennes chargées. Ces dernières affectent la forme de tonneaux en bois; elles ont parfois des patins en fer qui permettent de les traîner sur le sol des galeries; leur section est circulaire ou elliptique.

Dans certaines mines, notamment dans le bassin de la Loire, on profite de l'inclinaison des galeries pour transporter les bennes au moyen d'un rail suspendu vers le toit de la galerie et le long duquel on fait glisser les bennes.

Les roues des wagons, au lieu de présenter de simples boudins, ont quelquefois une gorge (comme les poulies) qui enchâsse le rail; c'est ce qui a lieu dans les roues de M. Cabany. Il faut rappeler ici que M. Serveille a construit des chariots portés sur deux roues formées chacune de deux cônes de mêmes diamètres réunis par leurs grandes bases; cette disposition permet de circuler dans des courbes de très-petit rayon et sur des voies dont la surface des rails offre des irrégularités de niveau sensibles.

Tous ces wagons sont mis en mouvement dans les galeries souterraines, soit par des hommes, soit par des chevaux, soit par des moteurs mécaniques (roues hydrauliques, machines à vapeur fixes). Lorsqu'on a un grand nombre de galeries de niveau à desservir à la fois, on les recoupe parfois par une galerie inclinée dans laquelle on établit un plan automoteur; ces appareils consistent en une chaîne qui s'enroule autour d'une poulie (à axe vertical ou horizontal); aux deux extrémités de la chaîne on attache des wagons qui se meuvent sur des rails posés sur un sol incliné. Parfois la chaîne est sans fin et s'enroule alors sur deux poulies, une à chaque extrémité du plan; on y accroche les wagons; un wagon plein en descendant fait remonter un wagon vide; un frein sert à modérer ce mouvement.

En Angleterre et en Silésie, on a recours, dans quelques exploitations, à la navigation souterraine pour le transport des minerais; on établit pour cela un canal souterrain sur lequel circulent des bateaux portant les wagons ou les bennes de minerais. Pour que l'établissement de ces canaux soit possible, il faut que les galeries offrent des pentes tout à fait régulières.

Extraction. — Lorsque les minerais sont arrivés au bas du puits d'extraction, on peut les amener à la surface par différents procédés, soit au moyen de roues à chevilles, de treuils à double manivelle mus à bras d'hommes, soit par des manéges mis en mouvement par des chevaux; dès que les puits atteignent une certaine profondeur, et que l'extraction devient importante, on a recours aux machines. Les différents moteurs que l'on peut employer sont : les balances d'eau, les roues hydrauliques, les machines à colonne d'eau rotatives, les moteurs à vapeur.

La *balance d'eau* est un appareil fort simple qui a été appliqué depuis quelque temps au montage des matériaux de construction dans les villes (système Édoux); il est donc inutile de la décrire ici [1].

Les roues hydrauliques les plus employées sont les roues à augets; parfois on se sert de roues à double aubage, afin de pouvoir marcher dans les deux sens. La roue est placée, soit à l'intérieur de la mine, soit à la surface, et souvent à une grande distance de l'orifice du puits : le mouvement se transmet par des cour-

---

1. Voir les *Annales du Génie civil*, 4e année, page 793.

roics ou par des tirants, comme cela est fréquemment usité dans le Cornouailles pour les pompes d'épuisement.

Les machines à colonne d'eau rotatives présentent tout à fait l'aspect extérieur d'une machine à vapeur; elles sont à deux cylindres et munies d'un volant. Nous indiquerons comme exemple celle que nous avons vu fonctionner à la mine de Allenheads et qui a été construite par M. Armstrong.

Les machines à vapeur d'extraction sont le plus souvent à haute pression et sans condensation; le renversement du mouvement doit pouvoir s'y faire en un point quelconque de la course; les cylindres y sont tantôt horizontaux, tantôt verticaux, avec ou sans balancier.

Les câbles d'extraction sont, soit en aloès, soit en chanvre, soit en fil de fer avec âme en chanvre; tantôt ils sont ronds, tantôt plats. On emploie aussi dans le Cornouailles des chaînes en fer à anneaux arrondis. On interpose quelquefois un ressort entre l'extrémité du câble et la cage d'extraction pour remédier à l'inertie de cette charge au moment du départ.

Quand les câbles sont ronds, ils s'enroulent sur des tambours coniques disposés de façon que les brins ne puissent s'y placer de travers; quand ils sont plats, ils s'enroulent en spirale sur des bobines qui ont la largeur du câble. Ces bobines, ou ces tambours, sont commandés par la machine; les brins du câble, au sortir des bobines, passent sur deux poulies portées à la partie supérieure d'un fort chevalement établi au-dessus de l'orifice du puits.

Les cages attachées aux extrémités des câbles, et qui portent des bennes ou des wagons, sont à un ou plusieurs étages; elles sont guidées dans l'intérieur des puits par des poutres de bois garnies de fer qui règnent dans toute la profondeur du puits et qui sont emboîtées par des fourchettes en fer fixées à la cage. Ces cages, surtout lorsqu'elles servent au transport des ouvriers, portent à leur partie supérieure des *parachutes* destinés à empêcher les accidents provenant de la rupture des câbles. Les plus employés jusqu'ici ont été le parachute Fontaine et les parachutes à excentriques; l'emploi de ces appareils se combine avec celui des *crochets de sûreté*, qui sont destinés à décrocher les cages lorsqu'elles arrivent près des poulies et que la machine continue à marcher. Dans quelques mines les bennes sont accrochées directement aux chaînes d'extraction; il n'y a pas alors de cages.

Les minerais une fois arrivés au jour, on est parfois obligé de les transporter à quelque distance dans les appareils mêmes qui ont servi à leur extraction ; cela se fait par un roulage sur rails, quelquefois au moyen de plans inclinés automoteurs. Certains appareils spéciaux, tels que les *culbuteurs*, les *cribles*, servent à la manipulation et au transvasement des minerais. Il faut citer aussi ici les appareils connus sous le nom de *drops*, qui servent en Angleterre à charger la houille à bord des navires; nous les décrirons plus loin.

Le mouvement des ouvriers mineurs entre la surface et les travaux souterrains se fait au moyen d'échelles ordinaires, quand la profondeur ne dépasse pas 400 mètres; au delà, il en résulterait une fatigue trop grande pour les hommes; on les fait alors circuler dans les cages d'extraction munies de parachutes. On emploie depuis longtemps dans certaines mines un appareil imaginé au Hartz, en 1833 ; ce sont les échelles mobiles (*fahrkunst*[1] ou *man engine*). La nécessité d'avoir un puits spécial pour ces appareils a empêché leur emploi de se généraliser beaucoup, surtout depuis l'invention des parachutes; des tentatives ont été faites pour construire ces échelles mobiles de façon à ce qu'elles puissent servir à la fois au transport des minerais et au mouvement des ouvriers.

1. Voir les *Annales du Génie civil.* 4° année, p. 878.

Épuisement des eaux dans les mines. — Lorsque l'épuisement des eaux ne peut pas se faire au moyen d'une galerie d'écoulement qui les amène au dehors, on concentre les eaux dans une excavation d'où on les extrait par des moyens mécaniques. Pour les épuisements de peu d'importance et de peu de durée, on emploie des bennes, et surtout des bennes à clapet. Quand la quantité d'eau à extraire est considérable, on se sert de pompes mues par des roues hydrauliques, des machines à colonne d'eau ou des moteurs à vapeur.

Les machines à vapeur d'épuisement sont bien connues sous le nom de *ma-chines du Cornouailles* : elles sont à simple effet et généralement à moyenne pression; le mouvement du piston est transmis aux pompes au moyen d'un balancier. On emploie aussi pour l'épuisement des machines à simple effet à traction directe; la tige du piston est alors reliée directement à la maîtresse tige des pompes.

Ces pompes pour les épuisements profonds sont : ou bien en répétitions et commandées par deux maîtresses tiges mues par une roue hydraulique; elles sont alors élévatoires, à piston creux; soit à une seule maîtresse tige mue par un moteur à vapeur, ou par une machine à colonne d'eau, et alors elles sont foulantes à piston plongeur; celle du fond seule est élévatoire à piston creux : dans ce cas, on équilibre le poids de la tige par un balancier à contre-poids. Les tuyaux montants sont généralement en fonte, quelquefois en tôle; les tiges sont en bois : quand le poids de ces tiges est plus grand que celui de la colonne d'eau à élever, on équilibre l'excédant de poids au moyen d'un contre-balancier ou d'un piston plongeant dans un cylindre sans clapet et portant la charge d'une colonne d'eau du poids voulu.

PERFORATEURS ET MACHINES DESTINÉES A ABATTRE LA HOUILLE.

Nous allons aborder maintenant l'étude des appareils et des procédés nouveaux se rattachant à l'exploitation des mines.

Nous examinerons d'abord tous les appareils destinés à la perforation des roches; nous y joindrons, comme un corollaire naturel, les machines destinées à l'abattage mécanique de la houille.

PERFORATEUR à rotation et à pression d'eau directe de MM. *de la Roche-Tolay,* ingénieur des ponts et chaussées, et *F. Perret,* ingénieur civil. (Planche XIV, figures 1, 2, 3, 4.)

Ce perforateur est spécialement destiné à percer des trous de mine dans le rocher; il peut recevoir des dispositions différentes, suivant les conditions dans lesquelles il doit fonctionner : on emploie un perforateur unique quand il s'agit de faire seulement un trou à la fois; quand, au contraire, il s'agira d'attaquer le front d'une galerie ou d'un souterrain en plusieurs points simultanément, on aura recours à la disposition décrite plus loin et qui consiste à grouper plusieurs perforateurs sur un même chariot mobile.

Nous allons décrire en détail l'appareil tel qu'il est exposé en nature au Champ de Mars, en laissant de côté la disposition de la table sur laquelle il est placé et du mode de suspension du bloc de roche à percer : les figures de notre planche XIV indiquent suffisamment ces détails qui n'offrent pas d'intérêt par eux-mêmes.

Le perforateur à pression directe se compose de deux parties : la *machine à forer* proprement dite et le *moteur.*

Le moteur est à pression d'eau ; il a été imaginé par M. F. Perret, ingénieur civil. Il se compose (planche XIV, figures 1, 2, 3, 4) d'un cylindre horizontal en bronze faisant corps avec le bâti du perforateur ; ce cylindre porte dans son épaisseur deux canaux dont l'un communique avec la conduite d'eau, tandis que l'autre sert à l'évacuation de l'eau qui a agi sur le piston. A l'intérieur de cette première enveloppe cylindrique se meut un tube en bronze alésé et tourné avec le plus grand soin, et qui est percé de lumières vers ses deux extrémités : c'est le *tiroir* de la machine. Ce tube reçoit, au moyen d'une bielle et d'un excentrique fixé sur l'arbre des volants, un mouvement de va-et-vient ; cet excentrique est calé à angle droit sur la manivelle. Deux boîtes portant des segments en bronze poussés par des ressorts d'acier, maintiennent le tiroir dans l'axe du cylindre et empêchent le passage de l'eau autour du tiroir pendant son mouvement de va-et-vient. A l'intérieur de ce tiroir se meut un piston garni de cuirs emboutis. Ce piston a 0^m.055 de diamètre et 0^m.120 de course ; l'eau, en agissant successivement sur ses deux faces, lui communique un mouvement horizontal alternatif ; ce mouvement est transmis, par l'intermédiaire d'une bielle, à un arbre coudé qui porte la roue d'angle destinée à transmettre le mouvement de rotation de l'arbre à la machine à forer ; cet arbre porte également deux volants de 0^m.45 de diamètre environ. On remarquera cette particularité que, dans le moteur de M. Perret, le piston se meut dans son tiroir.

L'eau destinée à agir sur le piston arrive à la partie supérieure du cylindre extérieur ; l'eau qui a agi sur le piston s'échappe par deux tuyaux placés à l'arrière et de chaque côté du cylindre.

Pour mettre ce moteur en mouvement, il suffit d'ouvrir le robinet d'admission de l'eau, de faire tourner à la main les volants jusqu'à ce que les ouvertures d'une des extrémités du tiroir soient en regard des ouvertures correspondantes de l'enveloppe cylindrique : l'eau s'introduit alors dans le tiroir et vient presser le piston qu'elle fait marcher, tandis que le liquide qui se trouvait de l'autre côté du piston s'échappe ; l'arbre des volants, en tournant, fait marcher le tiroir ; le même effet se produira quand le tiroir arrivera à l'autre extrémité de sa course, et ainsi de suite.

La machine à forer se compose d'un cylindre en bronze venu de fonte avec celui du moteur, et dont l'intérieur est parfaitement alésé sur toute sa longueur de 0^m.140. Dans ce cylindre se meut un piston de 0^m.110 de diamètre également en bronze, c'est le *piston propulseur* du foret ; à ce piston est fixé un arbre hexagonal en acier fondu de 1^m.450 de longueur, percé d'un bout à l'autre d'un trou de 0^m.016 de diamètre ; c'est à l'extrémité libre de cet arbre qu'on fixe les outils destinés à entailler la roche. Cet arbre traverse une douille en fer prise entre deux coussinets fixés à l'avant du bâti du perforateur ; cette douille porte un petit pignon conique. Un arbre, incliné par rapport à l'axe du cylindre inférieur et reposant sur des coussinets, porte à l'une de ses extrémités une petite roue conique qui engrène avec le pignon précédent, tandis qu'à son autre extrémité est calée une roue d'angle en bronze qui engrène avec celle portée par l'arbre des volants que nous avons indiquée plus haut. Il est facile de comprendre d'après cela comment le mouvement du moteur à pression d'eau produit le mouvement de rotation du foret ; quant au mouvement d'avancement du foret, il est produit par l'admission directe de l'eau dans le cylindre inférieur : cette eau vient agir constamment contre le piston propulseur ; elle est prise sur la même conduite qui sert à mettre le moteur en mouvement. Un robinet à deux eaux, placé à l'extrémité du tuyau qui amène l'eau, permet de déverser directement une partie de l'eau qui arrive et, par suite, de faire varier à volonté la pression sur le piston. On peut obtenir facilemement des pressions considérables sur ce piston : pour une pression de 12 atmosphères, on aurait une charge maximum agissant sur le foret de $\dfrac{\pi \cdot \overline{11}^2}{4} \times 12 \times 1^k,0325 = 1177$ kilog. environ; cette pression permet d'attaquer toutes les roches.

Lorsque le trou de mine est percé sur la longueur voulue et qu'on veut faire revenir l'outil en arrière pour le sortir du trou, on ferme l'admission de l'eau contre la face postérieure du piston propulseur, et au moyen d'un robinet à deux eaux, on envoie l'eau contre la face antérieure de ce même piston, en ayant soin d'ouvrir le robinet d'échappement de l'eau qui est à l'avant du piston; l'arbre du perforateur est alors ramené hors du trou.

Les trous que l'on peut ainsi percer ont de $0^m.90$ à $1^m.00$ de long et de $0^m.035$ à $0^m.060$ de diamètre.

La machine à pression d'eau de M. Perret peut également marcher à l'air comprimé, mais elle a été imaginée et construite en vue d'utiliser la force motrice de l'eau. Nous ne pouvons nous étendre ici sur l'étude de ce moteur en lui-même; il suffira de dire que des expériences qui ont été faites, en 1864, par M. O. de Lacolonge, à Bordeaux, il résulte que son rendement, dans de bonnes conditions, a toujours été supérieur à 0.60; ce rendement, on le sait, est celui des bons moteurs hydrauliques. Aussi n'est-il pas douteux que le moteur si ingénieux de M. Perret ne soit utilisé d'une façon très-avantageuse dans les villes qui peuvent distribuer à leurs habitants de l'eau à une certaine pression. Cette question de l'utilisation de la pression de l'eau dans les conduites des grandes villes pour créer de la force motrice à domicile est plus que jamais à l'ordre du jour; il suffit, pour s'en convaincre, de voir combien de machines différentes ont été imaginées dans tous les pays en vue de la solution de ce problème. Celle de M. Perret nous semble par sa simplicité, son petit volume et son rendement, devoir lutter avantageusement avec toutes les autres, car, bien qu'appliquée ici à faire mouvoir un perforateur, elle peut néanmoins servir à tous les usages des machines à vapeur ou hydrauliques rotatives.

Les outils de forage que l'on place à l'extrémité de l'arbre du perforateur varient suivant la nature de la roche à entamer; ce sont, soit des mèches en acier, lorsqu'il s'agit de pierres tendres ou de métaux, soit l'appareil Leschot pour les roches très-dures.

Ce dernier outil consiste en une bague en fer doux de $0^m.05$ de longueur environ qui s'adapte au moyen d'un emmanchement à baïonnette à l'extrémité de l'arbre creux du perforateur; dans la face antérieure de cette bague sont sertis un certain nombre de diamants noirs. Par suite du mouvement de rotation de l'arbre qui porte la bague, ces diamants pulvérisent une zône annulaire de la roche et laissent au centre du trou un cylindre de roche qui s'introduit dans le trou de l'arbre du perforateur et qu'on casse au besoin au moyen d'un léger choc. Afin de rafraîchir l'outil et d'enlever la poussière qu'il a produite par son travail, on fait arriver un filet d'eau par le centre de l'arbre.

Il est clair que l'on peut construire des bagues semblables armées de minéraux autres que le diamant, et dont la dureté soit proportionnée à celle de la substance à entailler. Le diamant noir est une variété du diamant transparent plus commune que ce dernier et ayant une valeur beaucoup moindre que celui-ci; il en vient une assez grande quantité du Brésil. Son prix n'est plus proportionnel au carré de son poids en carats, comme cela a lieu pour les diamants incolores, mais il est simplement proportionnel au poids. Les gens du métier estiment que les diamants noirs non cristallisés sont plus durs que ceux en cristaux et doivent par suite leur être préférés pour armer les bagues. L'expérience semble d'ailleurs avoir prouvé que la saillie des diamants sur la bague en fer doit être d'autant plus petite que la roche est plus dure, afin d'éviter leur déchaussement. Le prix d'une bague armée de diamants noirs est d'environ 175 francs; quand elle est hors de service, elle a encore la moitié de la valeur de ce prix d'achat.

Lorsqu'il devient nécessaire de nettoyer l'intérieur de l'outil, on dévisse le fond du cylindre propulseur, on enlève avec une clef un boulon qui ferme l'axe du piston que renferme ce cylindre et, au moyen d'une longue curette, on fait sortir les débris de roche.

Le prix de la machine que nous venons de décrire est d'environ 2000 francs.

C'est à M. de la Roche-Tolay, ingénieur des ponts et chaussées et sous-directeur de la construction des chemins de fer du Midi, que revient l'idée d'appliquer le moteur de M. Perret à mettre en mouvement un appareil de perforation.

Outre la machine que nous venons d'indiquer, ces deux ingénieurs ont exposé les dessins d'un projet de chariot à perforateurs permettant de faire huit trous de mine à la fois et spécialement destiné au percement des souterrains de chemins de fer. En voici la description : Le chariot se compose de deux plaques de tôle de fer verticales, ou *flasques*, munies de cornières et dont l'écartement est maintenu par des entretoises. Chacune de ces flasques porte à l'avant deux tiges verticales filetées, autour desquelles se meuvent quatre écrous; ces écrous supportent deux à deux des traverses en fer qui, par ce moyen, peuvent s'élever ou s'abaisser le long des tiges filetées, en restant parallèles entre elles; les écrous portent des roues coniques faisant corps avec eux et qui engrènent avec des roues d'égal diamètre fixées aux douilles en fonte qui enveloppent les traverses. En faisant tourner ces douilles, la roue qui fait corps avec chacune d'elles fait tourner le pignon conique relié à l'écrou correspondant, et le mouvement de la traverse dans le plan vertical est ainsi produit. Chacune des deux traverses en fer supporte un cadre en fonte; à ces cadres sont fixées, au moyen d'une douille et de deux écrous, deux barres de fer dont l'autre extrémité porte une chape et un boulon qui permet de les fixer aux montants du chariot à la hauteur voulue; chaque cadre est relié à la traverse qui le supporte, de façon à pouvoir prendre autour de cette traverse une inclinaison de 0° à 40° dans le plan vertical.

Tout ce chariot est porté sur deux paires de roues à boudins destinées à le transporter sur les rails de la galerie. Il est muni à son avant de quatre vis de calage placées chacune à l'un de ses coins en haut et en bas; ces vis, en venant presser, quand on les serre, contre le toit et le sol de la galerie, empêchent tout mouvement du chariot et, par suite, donnent aux forets un point d'appui pour leur avancement.

Chacun des cadres en fonte que nous venons d'indiquer peut recevoir quatre machines à forer; ces machines sont semblables à celle que nous avons décrite plus haut; on les fixe sur les cadres au moyen de crampons à vis; il en résulte qu'on pourra percer ainsi huit trous à la fois, auxquels on donnera l'inclinaison voulue, soit dans le plan horizontal, soit dans le plan vertical.

L'eau est amenée dans les cylindres moteurs par des tuyaux en caoutchouc; d'autres tuyaux analogues servent à l'écoulement du liquide qui a agi dans les cylindres. Chaque tuyau d'arrivée est muni d'un robinet à volant, et tous ces volants sont groupés ensemble sur le milieu d'un des côtés du bâti, à la portée de l'homme qui doit les manœuvrer.

Un réservoir d'air placé à l'arrière du bâti sur le parcours de l'eau qui arrive sert à amortir les chocs et à régulariser la vitesse de l'eau; ce réservoir est placé sur un tuyau en fonte auquel vient s'adapter le tube en caoutchouc qui amène l'eau motrice : l'élasticité de ce dernier tube permet de faire avancer ou reculer le chariot d'une certaine longueur sans qu'il soit nécessaire de l'allonger.

Ce chariot à huit perforateurs n'a point encore été appliqué. La dépense qu'il entraînera sera de beaucoup augmentée par la nécessité d'élever l'eau à la hauteur voulue pour créer une pression suffisante dans les localités où l'on n'aura pas à sa disposition des chutes naturelles assez puissantes; aussi n'est-il destiné qu'à l'avancement des galeries souterraines d'une section considérable, comme les tunnels de chemins de fer. MM. de la Roche-Tolay et Perret estiment à environ 62,000 francs les frais d'installation d'un chariot semblable pour l'avancement d'un tunnel de la compagnie des chemins de fer du Midi, dans les Pyrénées, y compris la création de la chute nécessaire à faire mouvoir les perforateurs; pour réaliser cette chute, une locomobile enverrait de l'eau dans un réservoir en tôle placé, à une hauteur de plus de 100 mètres, sur la montagne qu'il s'agit de percer; de ce réservoir, l'eau serait amenée par une conduite au chariot que nous venons de décrire.

Les premiers essais du perforateur dont nous nous occupons ont été faits, en 1865, par la compagnie des chemins de fer du Midi, avec un appareil différent de celui que nous avons décrit. Le cylindre du moteur à pression d'eau était oscillant, l'arrivée et l'échappement de l'eau se faisaient par les tourillons; le moteur n'avait qu'un seul volant, et tout l'ensemble de l'appareil était porté par un montant vertical calé par une vis à sa partie supérieure contre le toit de la galerie et contre le sol par une semelle et des coins en bois; une crémaillère permettait de monter l'appareil à la hauteur voulue sur ce support, tandis qu'un taquet à ressort l'empêchait de descendre. L'arbre perforateur portait une bague du système Leschot. L'oscillation du cylindre avait pour effet de diminuer la stabilité de l'ensemble de l'appareil, en sorte que le foret lui-même subissait des oscillations pendant le mouvement; l'adoption des cylindres fixes a fait disparaître cet inconvénient.

.es expériences qui ont été faites sur le perforateur de MM. de la Roche-Tolay et Perret avec la bague Leschot ont semblé établir les résultats suivants : une dépense de 75 litres d'eau à une pression de 8 atmosphères produisant 100 tours du foret, les avancements suivants auraient été réalisés par minute :

Dans des micaschistes anciens contenant peu de quartz (souterrain de Port-Vendres). . . . . 0^m.030

Dans les mêmes roches renfermant de fortes veines de quartz. 0^m.010 à 0^m.015

Dans du quartz provenant du souterrain du Mont Cenis. . . . . 0^m.014

Dans un calcaire domilitique très-dur provenant du souterrain de Cantegals (ligne de Rodez à Montpellier). . . . . 0^m.020

Lorsque, toujours en employant de l'eau à la pression de huit atmosphères, on a fait faire à la machine 250 tours par minute, on a obtenu par minute les avancements suivants du foret :

Dans les micaschistes anciens du souterrain de Port-Vendres contenant peu de quartz. . . . . 0^m.075

Dans les mêmes roches renfermant de fortes veines de quartz. 0^m.025 à 0^m.037

Dans du quartz provenant du souterrain du mont Cenis. . . . . 0^m.035

Dans le calcaire domilitique très-dur du souterrain de Cantegals. . . 0^m.050

On voit par là que l'avancement du foret serait proportionnel à la vitesse, puisque quand la vitesse a augmenté dans la proportion de 1 à 2,50, l'avancement a augmenté dans les rapports de 30 à 75, de 15 à 37, de 14 à 35, de 20 à 50 pour les différentes roches.

Quant aux résultats économiques de l'appareil, nous rapporterons les suivants que les inventeurs indiquent eux-mêmes avec réserve en l'absence d'une application pratique de leurs appareils.

Avec la bague Leschot, qui leur a paru donner les meilleurs résultats dans la plupart des roches, MM. de la Roche-Tolay et Perret évaluent, sans y comprendre les frais d'installation, le prix d'un mètre courant de trou de mine à 1f.50, tandis que, percé par les moyens ordinaires, il coûterait 6 francs. Ils pensent qu'en employant le chariot décrit ci-dessus, un avancement de 10 mètres par mois pourrait être porté à 40 mètres dans les petites galeries, avec diminution de la dépense générale.

Dans le cas où l'eau qui fait mouvoir les appareils est élevée artificiellement, l'économie totale sur le prix de la galerie d'avancement serait de 15 pour 100 ; si l'eau se trouvait naturellement à la hauteur voulue pour avoir la pression nécessaire, l'économie serait de 40 pour 100. Il est évident que c'est dans ce dernier cas que l'emploi de l'appareil sera le plus avantageux ; c'est aussi dans ce dernier cas qu'il sera le plus commode.

PERFORATEUR A VAPEUR, de *M. Herman Haupt*, ingénieur civil à Philadelphie.

Le perforateur de M. Haupt diffère essentiellement de ceux qui ont été imaginés jusqu'ici ; son inventeur connaissant toutes les objections qui ont été faites à l'emploi de la vapeur pour faire travailler les fleurets dans les galeries de mines ou les tunnels, a cherché à éviter les inconvénients signalés comme inhérents à ce genre d'appareils, tout en employant la vapeur comme moteur. Le perforateur qu'il a exposé est le résultat de nombreuses expériences et de plusieurs modifications successives apportées à son idée première [1].

Nous allons décrire d'abord le perforatenr de M. Haupt, en le considérant tel qu'il est exposé au Champ de Mars ; nous indiquerons ensuite la façon dont cet appareil est mis en œuvre pour le percement des tunnels ou des galeries de mines.

L'appareil de M. Haupt n'est pas ce que l'on appelle un perforateur à rotation ; le foret qu'il porte reçoit trois mouvements : 1° un mouvement de va-et-vient suivant son axe ; 2° un mouvement de rotation autour de son axe ; 3° un mouvement d'avancement suivant son axe.

Le foret passe à travers la tige creuse d'un piston qui se meut dans un cylindre à vapeur ; il est fixé à cette tige creuse par l'extrémité d'arrière tournée vers l'ouvrier qui conduit le perforateur ; le mouvement de va-et-vient du piston est communiqué directement au fleuret. Pour produire ce mouvement le tiroir a une disposition spéciale. (Voir pl. XVI, fig. 1 et 2.) ; sa boîte est cylindrique. Le tiroir lui-même se compose d'un tube autour duquel sont fixées quatre rondelles métalliques, tournées avec grand soin, de façon à boucher hermétiquement la section de la boîte cylindrique dans laquelle elles se meuvent ; les deux rondelles du milieu ouvrent et ferment les lumières d'admission en se déplaçant dans la boîte cylindrique. La tige qui fait mouvoir ce tiroir n'est pas fixée à lui d'une façon rigide ; elle se termine par un piston qui est placé dans l'intérieur du tube à rondelles ; des deux côtés de ce piston sont fixés dans le tube des ressorts en spirale maintenus par des écrous évidés vissés aux deux bouts du tube. La tige

1. Il ne sera pas inutile de dire que M. Haupt a été successivement ingénieur en chef et administrateur général du chemin de fer de Pennsylvanie et du tunnel de Hoosac, professeur de génie civil au collége de Pennsylvanie et qu'enfin, pendant la dernière guerre, il fut placé comme brigadier général à la tête du service de la construction et de l'exploitation des chemins de fer destinés au transport des troupes fédérales.

de ce petit piston porte deux taquets dont la position peut varier à volonté sur
cette tige, et un bras fixé à la tige creuse du grand piston vient, lors de la marche
de ce dernier, butter alternativement contre chacun des deux taquets. Chaque
fois que le contact a lieu entre le bras et le taquet, le mouvement n'est pas
transmis directement au tiroir, mais le ressort en spirale correspondant est tendu
par la pression du petit piston, et il cède jusqu'à un certain point au choc qu'il
a reçu avant de surmonter l'inertie et le frottement du tiroir : il en résulte que
le piston peut continuer à avancer dans le même sens pendant quelque temps
après que le taquet qui doit faire admettre la vapeur pour la marche en sens
inverse a été entraîné par la tige du grand piston. Cette disposition a pour objet
d'éviter autant que possible l'admission de la vapeur dans le cylindre tant que
le piston n'est pas arrivé à l'extrémité de sa course, toute avance à l'admission
devant avoir pour effet, lorsque le piston arrive au terme de sa course en avant,
d'amortir le choc du fleuret contre la roche et par suite de diminuer son effet
utile. La disposition des lumières est fort simple : elles sont placées dans l'é-
paisseur des parois latérales de la boîte à tiroir ; l'admission a lieu par le côté
gauche de la boîte et l'échappement par le côté droit. La distance entre les bords
internes et externes des lumières d'admission est exactement la même que la
distance entre les bords internes et externes des deux rondelles du milieu du
tiroir. Les lumières d'échappement sont plus rapprochées des extrémités du
cylindre ; il n'y a aucune communication entre le côté de la boîte à tiroir où
se fait l'admission et celui où a lieu l'échappement. Dans les figures qui représentent cette disposition de tiroir, nous n'avons pu indiquer que les projections
des positions des lumières.

Dans le même but, M. Haupt a imaginé une autre disposition du tiroir de son
perforateur ; elle est représentée pl. XVI, fig. 3. La boîte à tiroir et le tiroir proprement dit ont toujours la disposition que nous venons d'indiquer ; mais ici la
tige du tiroir ne porte plus qu'un taquet ; entre le taquet et le fond du cylindre
cette tige est entourée d'un ressort en spirale ; un levier mobile autour d'un
axe fixé contre le fond de la boîte du tiroir porte deux arrêts mobiles. On com-
prendra, en examinant la figure, que lorsque le grand piston arrivera à la fin de
sa course en arrière, le bras qu'il porte viendra butter contre le taquet de la tige
du tiroir, comprimera le ressort en spirale, fera saisir ce taquet par l'arrêt d'arrière du levier mobile et donnera la vapeur pour la course en avant ; pendant
tout le temps de la marche du piston en avant, ce ressort restera comprimé, et
par suite le tiroir sera immobile ; ce n'est qu'à la fin de la course en avant que
le levier étant soulevé par le bras du piston, le ressort se détendra brusquement
et le tiroir démasquera la lumière pour l'admission de la vapeur à l'avant du
piston. Les taquets du levier mobile peuvent être changés de position à volonté,
et un ressort maintient le levier toujours en contact avec le bras fixé à la tige
du grand piston.

Ces tiroirs étant équilibrés nécessitent très-peu de force pour être mis en mouvement.

On voit par quel moyen le fleuret reçoit son mouvement de va-et-vient. Quant
à la force du choc qu'il donnera contre la roche à percer, elle dépend de la
pression de la vapeur et de la surface du piston sur lequel elle agit : le cylindre
ayant un diamètre de $0^m.105$ et sa tige creuse un diamètre de $0^m.057$, cette tige
se prolongeant des deux côtés du piston laisse une surface annulaire de $0^{m2}.0064$
sur laquelle agit la vapeur ; en supposant que cette dernière soit employée à
une pression de 4 atm. 18 (60 livres anglaises), on aurait sur le piston une pression
totale de 257 kil. environ, qui paraît suffisante pour le travail que l'on peut
exiger de forets en acier. On remarquera, d'ailleurs, que l'effet utile du foret

dépend beaucoup plus de la section du piston et de la pression de la vapeur que de la longueur de la course du piston, et que la consommation de vapeur est proportionnelle à cette dernière dimension. La longueur de course du piston est de 0m.102 ; la vitesse du piston est d'environ 76 mètres par minute, ce qui correspond à environ 375 coups de foret par minute.

Le mouvement de rotation du foret est obtenu de la manière suivante (Pl. XV, fig. 4) : La boîte dans laquelle est saisie la tige n du foret et qui tourne avec lui, porte en un point de son pourtour des dents formant un rochet d ; autour de cette denture est un anneau muni d'un cliquet qui s'engage dans les dents de la roue à rochet ; ce même anneau porte également un taquet a formant saillie ; ce taquet passe dans une rainure inclinée ménagée dans l'enveloppe extérieure en tôle qui entoure le cylindre à vapeur : il en résulte que lorsque le piston moteur sera en mouvement dans son cylindre e, entraînant le foret avec lui ; le taquet a participera à ce mouvement, il glissera dans la rainure inclinée, se déplacera par conséquent dans le plan vertical, fera tourner l'anneau avec lequel il fait corps, et, par suite, le cliquet fera tourner la roue à rochet d, c'est-à-dire le foret lui-même. Cette disposition serait cependant insuffisante, car le taquet se mouvant dans les deux sens dans sa rainure ferait tourner l'anneau qui porte le cliquet dans les deux sens et détruirait en quelque sorte, lors de la course en avant, l'effet utile qu'il aurait produit pendant la course en arrière. Pour éviter cet inconvénient et pour maintenir la rotation transmise au foret par l'encliquetage précédent, il existe un second rochet b placé à l'extrémité antérieure de la boîte qui porte le foret ; une tige d'acier c, logée dans une retraite formée par l'enveloppe du cylindre, s'engage entre les dents de ce second rochet, de façon à ce que le mouvement de rotation ne puisse avoir lieu que dans un sens : la première roue à rochet d permet de transmettre à l'outil un mouvement de rotation ; la seconde oblige b ce mouvement à s'effectuer toujours dans le même sens.

L'une des difficultés principales à surmonter dans les perforateurs où le foret reçoit un mouvement de va-et-vient, consiste à régler convenablement l'avancement du foret. Dans les appareils (comme celui de MM. de la Roche-Tolay et Perret), où l'outil est constamment appliqué contre le rocher par une pression continue, on conçoit que, quel que soit le genre d'outil employé, celui-ci mordra la roche proportionnellement à sa dureté ; il se règle automatiquement. Au contraire, dans un appareil comme celui de M. Haupt, si l'outil avance trop vite eu égard à la dureté de la roche, il pourra arriver que le tranchant du foret vienne butter contre le fond du trou avant que le piston ne soit arrivé à l'extrémité de sa course, c'est-à-dire avant que le tiroir n'ait été déplacé, et, par suite, l'outil pourrait s'arrêter ; si, au contraire, l'outil avance trop doucement, il travaillera en quelque sorte à vide, et une partie de la force motrice dépensée aura été inutilisée : il est donc indispensable que le mouvement d'avancement du foret soit variable à volonté. M. Haupt, pour satisfaire à ces conditions, s'appuie sur le principe suivant : si le foret est emboîté dans le porte-foret de telle façon qu'on puisse à un moment donné arrêter subitement le mouvement de ce dernier, tandis que l'outil lui-même continuerait à se mouvoir, il est clair que chaque arrêt du porte-foret serait suivi d'un avancement de l'outil ; mais comme ces temps d'arrêt du porte-foret auraient pour résultat de diminuer la force du choc contre le fond du trou de mine, on ne les produit que par intervalles. Le mécanisme qui sert à réaliser ce principe est le suivant (pl. XV, fig. 4 ; pl. XVI 5, 6) : La boîte qui saisit le porte-foret n est conique à son extrémité d'arrière ; dans cette partie conique sont disposés quatre coins m qui entourent le porte-foret et, par leur pression contre les parois de la boîte, rendent cette boîte et la tige de l'outil solidaires; un fort ressort en spirale *l* entoure le porte-foret; il est disposé dans une chambre ménagée dans la boîte, et c'est lui qui fait appuyer les coins contre les parois et produit le serrage. Contre la face du rochet qui termine à l'avant cette boîte de serrage sont disposés deux tasseaux *h*, aux extrémités d'un même diamètre; deux pièces formant enclumes *f* sont placées contre les tasseaux, et enfin une rondelle évidée de caoutchouc *g* ou de bois est fixée au bout des deux enclumes pour amortir les chocs. Ce mécanisme opère de la façon suivante: lorsque le piston arrive à l'extrémité de sa course en avant, les deux enclumes viennent butter contre le fond *e* du cylindre moteur qui est fixe; le piston continue à avancer, le ressort en spirale se tend et fait reculer les coins qui sont poussés en arrière et vont saisir plus loin la tige du foret; il en résulte en définitive un allongement de l'outil qui, par conséquent, mordra davantage dans la roche. Le contact entre les coins et la surface intérieure de la boîte de serrage doit être à frottement dur et, par suite, on s'abstient de graisser cette partie de l'appareil; l'écrou *p* qui bouche la boîte de serrage permet de changer le foret à volonté.

Le mécanisme que nous venons d'indiquer projette en quelque sorte le foret en avant (lorsque le ressort *l* se détend) jusqu'à ce qu'il vienne rencontrer le fond du trou. Pour que l'avancement fût convenablement réglé, il faudrait que la tige de l'outil fut ressaisie par les coins aussitôt arrivée au fond du trou, et pas avant: il est difficile de s'assurer qu'il en soit ainsi; et bien que les pièces de ce mécanisme soient très-simples et faciles à remplacer, il est à craindre que les chocs multipliés, nécessaires pour réaliser ce mouvement d'avancement, ne rendent les réparations fréquentes; en outre, on remarquera que dans cette disposition le mouvement d'avancement du foret n'est pas indépendant de celui du piston; il semble cependant possible de rendre ces deux mouvements indépendants l'un de l'autre; il suffirait pour cela de rendre variable à volonté la longueur des enclumes *f* qui produisent la tension du ressort en spirale *l*.

Une autre disposition a été imaginée par M. Haupt pour produire l'avancement du foret: elle consiste à utiliser la course en avant du piston pour comprimer un ressort qui, lors de la course en arrière, se détend et fait tourner un écrou qui commande l'outil. L'écrou *b* (pl. XVI, fig. 7, 8, 9) est renfermé dans une boîte *c* en deux parties qui s'assemblent au moyen de bagues à saillies *d* et de rainures; l'écrou porte intérieurement un pas de vis à filet carré, et la tige de l'outil porte une vis correspondante; à l'écrou est fixé un rochet *e*. L'enveloppe de l'écrou porte une retraite dans laquelle est logé le cliquet qui doit faire marcher le rochet et par suite l'écrou lui-même; ce cliquet *k* est appliqué contre la roue à rochet par un ressort *h* articulé avec lui et portant latéralement une crémaillère. Un levier coudé *g*, ayant également son point d'appui sur l'enveloppe de l'écrou, porte un arc denté, engrenant avec cette crémaillère; ce levier coudé est lui-même commandé par une tige *f* dont l'extrémité, terminée par un pas de vis, reçoit un bouton cylindrique un peu long: autour de cette tige est un fort ressort en spirale. Quand le piston, dans sa marche en arrière, rencontre le bouton qui termine la tige du levier, il pousse cette tige; le ressort en spirale se comprime, le levier coudé *g* tourne autour de son axe et, par l'intermédiaire de la crémaillère, soulève le cliquet *k*, qui monte le long des dents de la roue à rochet; cette dernière, maintenue par un ressort *l*, ne tourne pas. Quand le piston change de marche et va en avant, le ressort à boudin se détend brusquement et ramène le levier coudé *g*; le cliquet saisit alors une ou plusieurs dents de la roue et la fait tourner; l'écrou tourne en même temps que cette roue et fait avancer l'outil.

Cette disposition est très-simple et nous paraît bien préférable à la précédente; elle répond à l'objection que nous signalions précédemment : ici l'on peut, en tournant le bouton à vis, faire varier dans une certaine mesure la longueur de la tige qui commande le mouvement d'avancement, et, par suite, ce dernier mouvement dépend en partie de l'homme qui fait marcher l'appareil; il n'est limité que par la longueur du cliquet et sera toujours suffisant, puisqu'il peut se reproduire à chaque coup de piston. En outre, les parties de l'appareil qui subissent des chocs sont extérieures, ce qui facilite les réparations ; enfin ces chocs eux-mêmes, n'ayant à surmonter qu'une résistance relativement faible, seront moins nuisibles à l'ensemble du système.

Nous avons décrit en détail le perforateur de M. Haupt, nous allons maintenant indiquer comment on l'emploie. L'appareil est soutenu par un support formé de deux colonnes en fer creux de $0^m.101$ de diamètre extérieur et de $0^m.009$ d'épaisseur; ces deux colonnes sont réunies à leur base par un socle creux (pl. XVI, fig. 10, 11; pl. XV, fig. 12, 13, 15), portant autant d'orifices pour l'admission et l'échappement de la vapeur qu'elles doivent porter d'appareils; ce socle est lui-même réuni, par une sphère emboîtée dans une douille, au trépied qui forme la base du support et s'appuie sur le sol de la galerie. Les deux colonnes sont reliées à leur sommet par une bande de fer de $0^m.050$ de hauteur et de $0^m.019$ d'épaisseur, qui les embrasse. La partie supérieure de chaque colonne est formée d'un second tube creux d'un plus petit diamètre, qui s'emboîte dans le corps de la colonne comme les diverses fractions d'un télescope, et ce deuxième tube porte les vis, terminées par des pointes, qui servent à caler l'appareil par leur application contre le toit de la galerie; une goupille, qu'on passe dans des trous percés dans la colonne extérieure aux deux extrémités d'un même diamètre, sert de point d'appui à la base de ce tube de prolongement.

Chaque support ainsi composé peut recevoir trois ou quatre perforateurs. La distance entre les deux colonnes est de $0^m.254$ intérieurement et de $0^m.457$ extérieurement; on dispose dans la galerie ou le tunnel qu'il s'agit d'avancer autant de supports que sa largeur le permet.

Le perforateur a une longueur totale de $0^m.812$ et un poids de 57 kilog. environ; chacun de ces appareils repose à l'avant sur une traverse cylindrique qui embrasse les deux colonnes au moyen de colliers; à l'arrière, ils sont fixés par deux clefs qui pénètrent dans des orifices ménagés dans d'autres colliers pouvant glisser le long des colonnes qu'ils embrassent de façon à ce que les vibrations des tiges ne puissent guère les desserrer. Ces clefs sont reliées au cylindre par une articulation.

La distance entre les deux colonnes étant de $0^m.254$, le diamètre du cylindre de $0^m.152$ et sa longueur de $0^m.254$, il reste à droite et à gauche du cylindre un jeu de $0^m.101$; l'axe de rotation se trouve à environ $0^m.101$ en avant de l'axe des colonnes; il en résulte que le perforateur peut recevoir un déplacement horizontal de 90° autour de l'axe qui le relie aux tourillons; dans le plan vertical, il peut se déplacer autant que l'on veut. Des tuyaux en caoutchouc servent à amener la vapeur aux perforateurs et à laisser échapper celle qui a agi sur les pistons. On remarquera que ces tuyaux n'auront besoin d'être déplacés que lorsqu'on voudra changer les perforateurs ou en augmenter le nombre : en toute autre circonstance, il suffira pour transmettre le mouvement aux appareils de relier les tuyaux d'amenée de la vapeur, ainsi que le conduit d'échappement, avec le socle de support.

Différents appareils ont été imaginés en vue de manœuvrer dans les galeries en percement ces supports munis de perforateurs. C'est d'abord un levier à deux bras destiné à la manœuvre des supports. Ce levier (pl. XV, fig. 12, 13, 14, 15) est formé de plusieurs pièces de bois assemblées et soutenues entre elles et pouvant tourner autour d'un pivot central; les pièces supérieures sont munies de cornières en fer formant rails, sur lesquels se meuvent les roues qui supportent le contre-poids; on peut déplacer celui-ci au moyen d'une manivelle. Le levier peut tourner autour d'un pivot. Sur un rail circulaire, disposé à l'entour de l'axe, se meuvent des roues coniques qui facilitent ce mouvement et supportent le levier; le bras d'avant, qui doit soulever les supports, a 6^m.080 de long, et le bras d'arrière, qui porte le contre-poids, a 4^m.560. Ce levier mobile porte à l'extrémité de son bras d'avant une chaîne destinée à saisir les supports.

Lorsque les trous de mines sont complétement percés et prêts à être bourrés, on saisit avec ce levier les supports portant les perforateurs qui ont servi à les faire et on les dépose sur un chariot mobile sur une voie parallèle à celle du levier et qui permet de les ramener en arrière, hors de portée des débris qui pourraient être projetés par les explosions. Les rails sur lesquels se meut ce chariot sont eux-mêmes mobiles, de sorte qu'après avoir reculé ce dernier, on enlève les rails sur une longueur de 5 à 6 mètres en arrière du front de la galerie. Après l'explosion, on remet les perforateurs et leurs supports en place au moyen du même levier à chariot.

Derrière le chariot précédent destiné au transport des perforateurs avant ou après l'explosion des mines, se trouve un autre chariot relié avec le précédent et qui porte le générateur à vapeur qui fait mouvoir les pistons des appareils; le tuyau qui prend la vapeur de cette chaudière aboutit à un tube métallique placé parallèlement au front de la galerie et sur lequel s'embranchent les différents conduits en caoutchouc qui mènent la vapeur au socle de chaque support; une disposition analogue est employée pour les tuyaux d'échappement.

La manœuvre de douze perforateurs nécessite une chaudière de quarante chevaux, la force absorbée par chaque perforateur étant de trois chevaux environ. Cette chaudière est à foyer intérieur; sa cheminée est recourbée de façon à aller aboutir dans la conduite de ventilation, où se rend également la vapeur d'échappement des perforateurs : cette conduite de ventilation consiste en une boîte rectangulaire en bois placée dans un angle de la galerie contre le sol, et dans laquelle on fait le vide de l'extérieur. La vapeur d'échappement passe également dans cette conduite de ventilation au sortir des cylindres et vient augmenter l'aspiration produite de dehors par les ventilateurs. Un système de roues dentées, commandé par une manivelle et appliqué au chariot qui porte la chaudière, permet de faire mouvoir celle-ci sur les rails; sur le chariot qui se trouve en avant de la chaudière sont placés des réservoirs métalliques contenant de l'eau. On fait arriver un courant de vapeur à la surface de cette eau; la pression ainsi créée permet d'envoyer l'eau dans les trous de mines autour des forets. Il a été constaté, pendant le travail exécuté au tunnel de Hoosac avec l'appareil dont nous nous occupons, qu'il suffit d'envoyer de l'eau de temps en temp les trous.

Le combustible nécessaire à la marche de la chaudière est placé sur un chariot tender, situé en arrière de celle-ci; la consommation de charbon est d'une tonne pour neuf perforateurs travaillant 8 heures, c'est-à-dire une journée, le reste du temps étant employé à l'enlèvement des débris.

Le prix d'installation du matériel nécessaire pour le percement d'un tunnel de 4^m.50 de large et de 1^m.80 de haut, dans lequel 9 perforateurs à vapeur montés sur trois supports seraient affectés à l'avancement, est établi de la manière suivante par M. Haupt [1] :

---

1 Pour simplifier nous comptons le dollar à 5 francs.

EXPLOITATION DES MINES.

27 perforateurs à 2500 francs l'un....................	67,500 francs.
3 supports à 1000 francs...........................	3,000
1 levier et son chariot............................	2,000
1 chaudière de 30 chevaux.........................	7,500
Chariot et tender.................................	5,000
Chariots pour enlever les débris de roche provenant du sautage des mines.............................	2,500
Machine de 20 chevaux et ventilateur à l'entrée du tunnel...	12,500
Atelier de réparation des outils et son matériel........	25,000
Forge et ses outils................................	2,500
Bâtiments...	25,000
Conduite de ventilation............................	2,500
Tuyaux pour eau, vapeur, etc.......................	2,500
Total....................	**157,500 francs.**

Quelques-uns de ces prix se ressentent de la cherté actuelle de la main-d'œuvre aux États-Unis.

S'il s'agit, non plus d'un tunnel, mais d'une galerie de mine, de 1m,80 de haut et autant de large, M. Haupt ne compte plus dans ses devis que deux perforateurs travaillant de front et consommant une force de 6 chevaux; les dimensions de la chaudière, du moteur de ventilation, des chariots, du levier, sont alors plus petites, et le devis est alors établi de cette façon par l'inventeur :

6 perforateurs à 2500 francs.......................	15,000 francs.
1 support à 1000 francs............................	1,000
1 chaudière de 8 chevaux..........................	3,000
1 levier et chariot................................	1,250
Chariot et tender.................................	2,000
Chariot pour enlever les débris de roche provenant du sautage des mines..............................	750
Machine à vapeur et ventilateur....................	5,000
Atelier et matériel de réparation...................	5,000
Forge et ses outils................................	1,000
Bâtiments...	2,500
Planches pour conduite d'air.......................	1,000
Tuyaux à eau, à vapeur, etc........................	500
Total....................	**38,000 francs.**

Il faut remarquer que l'ensemble de ce matériel n'est point à poste fixe dans la galerie, et pourra, en partie au moins, être transporté dans une autre galerie après l'achèvement de la première.

Dans les galeries de mines étroites, il sera souvent difficile d'adopter le matériel roulant employé pour la manœuvre du perforateur de M. Haupt, attendu qu'il faut pour cela établir dans la galerie deux voies parallèles : l'une sur laquelle se meut la chaudière, son tender et le chariot d'avant destiné à recevoir les perforateurs; l'autre sur laquelle se meut le chariot qui porte le levier de manœuvre des appareils; or, dans beaucoup de cas, on n'aura pas la largeur de galerie nécessaire à ces deux voies; il est juste de remarquer que ce matériel n'est pas indispensable pour le service du perforateur à vapeur, mais qu'il est destiné seulement à rendre son emploi plus commode et plus économique. C'est dans les galeries à grande section, et surtout dans les travaux à ciel ouvert, que l'emploi de cet appareil sera commode, car dans ce dernier cas, on pourra simplifier encore le matériel, n'étant plus astreint à le faire mouvoir dans un espace limité en largeur; là, en outre, les inconvénients qui, dans les travaux souterrains, pourraient résulter de l'emploi de la vapeur seraient nuls, et, par suite, l'usage de cet appareil sera surtout avantageux dans des conditions analogues à celles-là.

L'avancement des forets du perforateur à vapeur dans une roche de dureté moyenne est de $0^m.05$ par minute. Au tunnel de Hoosac, où l'on a tenu compte du temps consacré au percement des trous, l'avancement moyen dans un schiste talqueux de dureté moyenne a été pour le travail des fleurets à la main d'environ $0^m.025$ par 10 minutes; il résulterait de là que les avancements dans les deux cas seraient dans le rapport de 1 à 20; cette différence énorme ne serait probablement pas réalisée dans toutes les roches, ni dans un travail courant. L'économie en argent serait, d'après M. Haupt, de près de 50 pour 100, et l'économie de temps de $\frac{4}{5}$ sur le travail à la main; le prix d'un mètre courant d'avancement dans un tunnel de $4^m.50$ sur $1^m.80$ et dans une roche de dureté moyenne serait de 265 francs en employant les perforateurs à vapeur.

PERFORATEUR de MM. *Lisbet* et *Jacquet.* (Pl. XVI, fig. 16, 17, 18.)

Le perforateur de MM. Lisbet et Jacquet présente une certaine analogie avec les outils dont les constructeurs se servent pour percer les métaux en place; il se manœuvre à la main; un seul homme suffit à cette manœuvre. Il consiste simplement en un châssis en fer formé de deux parties étroites A, B pouvant glisser l'une dans l'autre, de façon à permettre d'allonger l'instrument suivant la hauteur de la galerie où l'on travaille. La partie inférieure du châssis porte une pointe aciérée C; à la partie supérieure est une vis terminée également par une pointe d'acier D. Les deux parties du châssis sont formées de lames de fer ou d'acier fondu plat de $0^m.120$ de large environ, recourbées deux fois à angle droit à leur extrémité, de façon à former un cadre à angles droits. Dans l'intervalle de $0^m.072$ compris entre ces lames est placé un coulisseau E que l'on peut fixer à la hauteur voulue sur le châssis au moyen d'une goupille que l'on fait passer à la fois dans un des trous que porte le coulisseau et dans un des orifices correspondants du châssis. Ce coulisseau porte un écrou F dans lequel passe une vis creuse G; l'intérieur de cette vis est traversé par une tige à l'une des extrémités de laquelle on fixe le foret; l'autre extrémité de ce porte-foret a une tête carrée H qui permet de le saisir avec un levier à cliquet K. L'ensemble de cette tige creuse qui traverse le porte-foret et de l'écrou dans lequel elle passe peut osciller autour de deux tourillons que porte le coulisseau, de façon à prendre telle inclinaison qu'on voudra donner aux trous de mine dans le plan vertical; une vis de pression L, qu'on peut serrer contre les coussinets qui embrassent le tourillon, permet de fixer l'appareil dans la direction voulue. Comme, d'ailleurs, l'ensemble de l'appareil peut tourner dans le sens horizontal autour des pointes C, D, qui fixent le châssis au toit et au sol de la galerie, et que le coulisseau lui-même est mobile sur le châssis, on conçoit qu'on pourra donner aux trous telle inclinaison et le percer à telle hauteur qu'on voudra. Un levier à cliquet K, qui embrasse la tête H de la tige porte-foret, permet d'imprimer à l'outil le mouvement de rotation qui doit entamer la roche, et, pour que ce mouvement de rotation du foret soit accompagné d'un mouvement d'avancement suivant l'axe de l'outil, la vis creuse G où passe le porte-foret se termine par une tête portant des encoches dans lesquelles pénètre un talon fixé au levier à cliquet; de la sorte, la rotation du levier, en faisant tourner le foret, fait aussi avancer la vis dans l'écrou du coulisseau et, par suite, fait marcher le foret lui-même en avant. On emploie avec cet appareil des forets variant de 0^m.025 à 0^m.038 de diamètre.

Une autre disposition consiste à placer le foret, non plus à l'extrémité d'une tige pénétrant la vis qui se meut dans l'écrou du coulisseau, mais à l'extrémité d'une barre qui porte sur sa face supérieure une crémaillère : le coulisseau porte alors, non plus un écrou, mais un pignon qui transmet le mouvement à la crémaillère, c'est-à-dire au porte-foret.

Cet appareil est, comme on le voit, d'une grande simplicité; il permet de travailler même dans les roches dures, sauf toutefois le quartz. Les avantages qu'il offre sur le forage des trous de mines au fleuret ont été constatés par des essais faits en Belgique et en France. Ne pouvant les relater ici en détail, nous nous bornerons à indiquer les résultats moyens obtenus tels qu'ils sont consignés dans les rapports de différents ingénieurs qui ont expérimenté l'appareil.

En juillet 1864, à la fosse Villars (Anzin), on a obtenu, pendant deux journées d'expériences, les résultats suivants, l'outil étant manœuvré par deux ouvriers :

En 18 heures 25 minutes, on a percé une longueur de 19^m.64 de trous.

Le temps absorbé par la pose du perforateur a été de.....   2 h. 21 m. 30 s.

Le temps total employé au forage, y compris la pose de l'outil, de..   7 h. 14 m. 00 s.

Le temps employé au délai....................................   11 h. 11 m. 00 s.

La galerie, située dans une roche pyriteuse assez dure, avait 1^m.90 de haut sur 1^m.60 de large ; son avancement pendant ces deux journées de travail a été de 2^m.10. En tenant compte du temps employé à la pose de l'appareil, on voit qu'il a donné comme avancement moyen 19^m.64 en 7 h. 14 m. ou 0^m.045 par minute; en laissant de côté le temps employé à la pose, on obtient comme avancement réel, non plus du travail, mais du foret, 19^m.64 en 7 h. 14 m.—2 h. 21 m. 30 s., c'est-à-dire en 4 h. 52 m. 30 s., soit 0^m.067 par minute. Pour apprécier ce résultat à sa juste valeur, il faudrait connaître le diamètre des trous percés et la nature exacte de la roche dans laquelle on les a forés.

Des expériences ont été faites en 1864, à Seraing (charbonnages de la Société de l'Espérance), dans un banc de grès de dureté moyenne; deux ouvriers ont foré avec le perforateur un trou de 0^m.04 de diamètre et de 0^m.565 de long, incliné de 8°, au faîte d'une galerie, en 33 minutes, y compris le temps nécessaire pour mettre l'outil en place et changer les mèches, soit 0^m.017 d'avancement moyen par minute.

D'autres essais faits dans différentes mines de Belgique ont constaté aussi une diminution sensible du prix d'avancement des galeries par l'emploi du perforateur de MM. Lisbet et Jacquet.

Ces résultats paraissent avoir été confirmés par des essais faits au Creusot, en 1864.

On voit que cet outil n'est point destiné à être mu mécaniquement; aussi l'avantage qui est résulté de son emploi provient-il, non point de la rapidité ni de la force avec laquelle il travaille, comme cela a lieu pour les perforateurs mécaniques, mais de la suppression des tâtonnements des ouvriers; ceux-ci n'ont plus, en effet, à se préoccuper, comme dans le cas où le fleuret est manœuvré à la main, de donner au trou la direction voulue; une fois l'outil mis en place et calé dans la direction à percer, il ne s'agit plus que de manœuvrer le levier à cliquet, et c'est là un travail qui ne demande plus tant à l'ouvrier une attention soutenue que de l'activité et de l'énergie.

MATÉRIEL ET PROCÉDÉS

DE

L'EXPLOITATION DES MINES

Par **M. ÉMILE SOULIÉ**,
Ingénieur civil, Ancien Élève de l'École des Mines.

ET **M. ALFRED LACOUR**,
Ingénieur civil, ancien Élève de l'École Polytechnique et de l'École des Mines,

---

PERFORATEURS ET MACHINES DESTINÉES A ABATTRE LA HOUILLE (FIN).

(Planches XXV, XXVI, XXVII et XXVIII),

II

Perforateur a air comprimé, de M. *Doëring* (Prusse). (Fig. 1.)

Le perforateur de M. Doëring est mu par l'air comprimé. Il se compose d'un cylindre moteur de $0^m,400$ de diamètre intérieur et de $0^m,360$ de long. Dans ce cylindre se meut un piston auquel est fixée la tige qui porte le burin. L'air comprimé est distribué par un tiroir; il s'échappe librement du cylindre dans l'atmosphère. Deux roues à rochet, munies de chiens, sont situées à l'arrière du cylindre et mises en mouvement par la tige prolongée du piston au moyen de fourches qui commandent les chiens; l'une des roues à rochet sert à donner au burin un mouvement de rotation autour de son axe; l'autre rochet, celui qui est le plus rapproché du fond du cylindre moteur, est commandé également par les fourches reliées au prolongement de la tige de ce dernier; ce second rochet fait corps avec une roue dentée cylindrique en bronze qui commande un engrenage; cet engrenage fait avancer l'ensemble de l'outil le long de la tige filetée qui forme l'un de ses supports; une autre tige non filetée, parallèle à la précédente, complète le support du cylindre et de ses accessoires; cette dernière tige est embrassée par un manchon faisant corps avec le cylindre moteur. Quand, par suite de son propre mouvement, le piston est arrivé à l'extrémité d'avant de la tige filetée, on le ramène en arrière au moyen d'une clé qui permet de manœuvrer l'engrenage indiqué précédemment. La disposition de l'outil est telle que le foret n'avance que quand le piston a développé toute sa course.

L'appareil que nous venons d'indiquer constitue le perforateur proprement dit : il est porté par un chariot d'une construction particulière. A l'avant du chariot est un arbre creux fileté en fer de gros diamètre, qui reçoit, au moyen d'un collet fileté, un bras à l'extrémité duquel le perforateur est relié par un tourillon vertical. L'arbre fileté vertical est évidé par derrière, suivant une de ses génératrices, et une roue à dents courbes, fixée au bras qui porte le perforateur, permet de monter ou d'abaisser cet outil le long de cet arbre. Il résulte de cette disposition qu'on peut donner au burin du perforateur telle direction qu'on voudra. A l'arrière du chariot sont deux caisses en tôle destinées à recevoir de l'eau; l'une d'elles est fermée hermétiquement et peut, au moyen d'un robinet auquel on adapte un tube en caoutchouc, recevoir l'air comprimé du

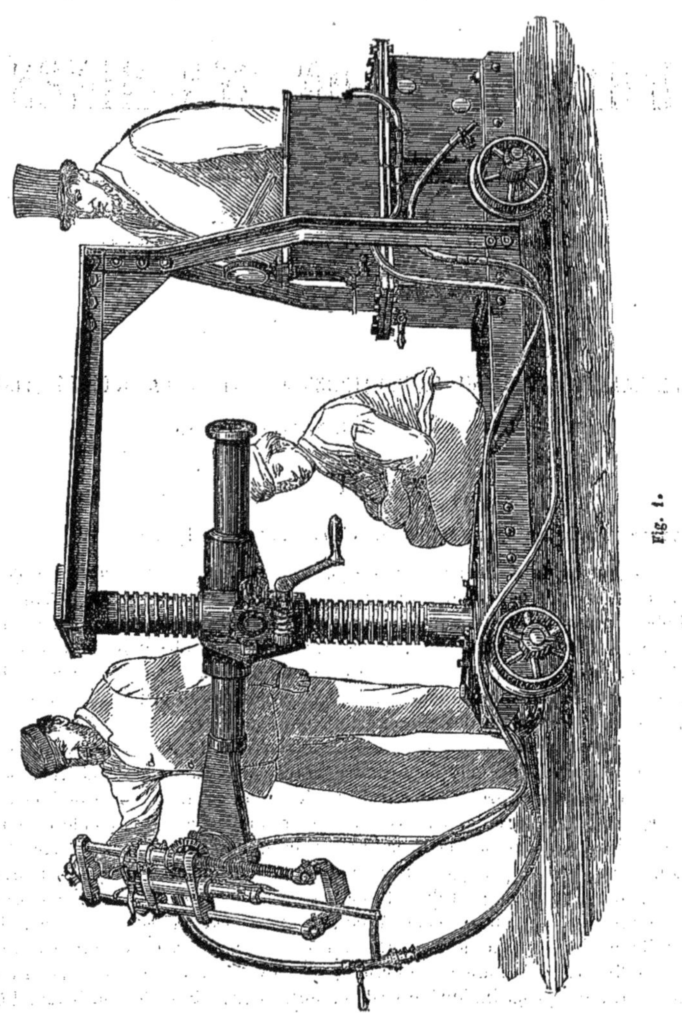

Fig. 1.

réservoir qui alimente le perforateur; un autre tube en caoutchouc, muni d'une lance à robinet, est fixé latéralement à cette caisse à eau; en envoyant de l'air comprimé à la surface du liquide, on peut projeter de l'eau au fond du trou pour rafraîchir l'outil; un manomètre relié à cette caisse permet de connaître la pression de l'air qui agit dans le cylindre.

L'ensemble de ce chariot est consolidé par des lames de tôle et supporté par quatre roues à boudins. Dans la galerie où l'on travaille, on cale l'appareil au moyen de coins sous les roues et d'écrous appuyant contre la partie supérieure du chariot et contre le toit de la galerie. Le chariot a environ 1ᵐ.50 de hauteur.

L'air comprimé est employé à une pression de 1 atmosphère 1/2 à 1 atmosphère 3/4; l'outil peut marcher à la pression de 1 atmosphère, mais sans produire d'effet utile. A la pression de 1 atmosphère 1/2, il donne 250 à 350 coups par minute.

Cette machine fonctionne actuellement aux mines de zinc de la Vieille-Montagne, à Moresnet. On a comparé là son travail avec celui fait à la main par les ouvriers, au point de vue de l'avancement et du prix de revient; les résultats ont été les suivants : dans un mois, le perforateur de M. Doëring a percé 8 mètres de trous, tandis que, dans la même période, le forage à la main n'a donné que 3 mètres d'avancement; en outre, tandis que le forage à la machine coûtait 120ᶠ.66 par mètre, le forage à la main revenait à 194ᶠ.88 le mètre.

Dans cette même mine de Moresnet, il a été constaté, nous a-t-on dit, que le perforateur manœuvré par deux hommes avait percé 3 mètres de trous dans quinze jours, tandis que douze mineurs, dans la même période, n'en avaient percé que 0ᵐ.50; ces trous étaient creusés dans la grauwacke : c'est une roche assez dure formée d'un mélange de grès quartzeux et de schiste argilo-siliceux; le travail était fait dans de bonnes conditions comme facilité de manœuvre, la galerie avait 2ᵐ.40 de large sur 2ᵐ.70 de hauteur.

A l'Exposition, avec un foret de 0ᵐ.040 de diamètre, l'avancement dans un granit très-compact de Normandie a varié de 0ᵐ.030 à 0ᵐ.035 par minute, suivant la pression de l'air.

On a vu qu'il fallait 2 hommes pour manœuvrer le perforateur; les postes étant de 8 heures, cela fait 6 hommes par 24 heures attachés au service de la machine.

Le tranchant des burins que l'on adapte à l'extrémité de la tige du piston du perforateur a la forme d'un Z dont les deux bras parallèles sont arrondis; il en résulte une assez grande régularité dans le percement des trous; on ne rencontre pas dans les trous creusés par ce perforateur, qui cependant subit de fortes vibrations, les ressauts qui se présentent dans les trous percés par d'autres perforateurs mécaniques; leur surface intérieure est sensiblement polie. Le diamètre moyen des outils est de 0ᵐ.025 environ.

Un fait qui frappe, lorsqu'on examine cet appareil, c'est que le volume du perforateur proprement dit est très-petit relativement au volume total de l'appareil; c'est l'ensemble du chariot et du bras qui porte le perforateur qui forme la majeure partie du volume de la machine. On n'a pas essayé de placer plusieurs perforateurs sur le même arbre fileté, il en résulterait d'ailleurs un grand effort sur cet arbre qui, par l'intermédiaire des bras articulés, supporte en définitive non-seulement le poids de l'outil et de ses bras eux-mêmes, mais encore tout l'effort des chocs du burin contre la roche.

La manœuvre de cette machine est simple et commode; on pourrait la rendre plus rapide en éludant la nécessité de serrer avec une clé tous les boulons qui servent à fixer les différentes parties mobiles dans la direction voulue pour percer chaque trou; il suffirait pour cela de modifier la forme des têtes de ces boulons.

PERFORATEUR À AIR COMPRIMÉ, de M. *O. Bergstrœm* (Suède) .(Pl. XXV.)

L'appareil imaginé par M. Bergstrœm pour percer les trous de mines est fort simple. Il est mu par l'air comprimé; il se compose (pl. XXV) d'un tiroir d'admission destiné à distribuer l'air comprimé au cylindre moteur. Ce tiroir est composé de deux parties cylindriques A A, faisant corps avec une tige a; il reçoit son mouvement au moyen de deux petites bielles S S, qui sont elles-mêmes reliées au volant V. Un coin B, commandé par une vis D munie d'une manivelle à volant C, permet de serrer plus ou moins le tiroir d'échappement E contre sa table, c'est-à-dire de faire varier la résistance qu'il oppose au mouvement qui lui est communiqué par les taquets FF, et, par suite, de faire varier sa vitesse. L'échappement se fait directement dans l'atmosphère, la partie supérieure de la boîte à tiroir étant librement ouverte dans son milieu. Au-dessous de la boîte à tiroirs cylindriques se trouve le cylindre moteur G; dans ce cylindre se meut un piston H de 0^m.104 de diamètre; sa course est de 0^m.208 environ. La tige I de ce piston est venue de forge avec lui; elle porte à son extrémité la douille K qui doit recevoir le foret; elle est creuse, et dans son intérieur pénètre une autre tige cylindrique L qui porte sur son pourtour des cavités destinées à loger des clavettes M par le moyen desquelles elle fait corps avec le piston; à cette tige est fixée une roue d'engrenage N qui engrène avec une vis sans fin P.; cette vis sans fin reçoit du piston, au moyen des deux petites bielles S S et du volant V, un mouvement de rotation qui, par la roue dentée, se transmet à la tige du piston H, c'est-à-dire au foret, et fait tourner celui-ci autour de son axe. Le foret reçoit ainsi d'une façon automatique son mouvement de va-et-vient et son mouvement de rotation.

Le mouvement d'avancement n'est pas produit par l'outil lui-même; c'est l'ouvrier qui le donne à volonté et à la main; à cet effet, l'ensemble de l'outil est porté sur une tige en fer forgé T, terminée à une extrémité par une pointe; à l'autre extrémité, elle reçoit une barre munie de deux pas de vis, portant chacun une tête triangulaire; c'est cette barre qui sert à mettre l'outil en place, en le calant entre les parois de la galerie où l'on perce et une planche appuyée contre les cadres de boisage, par exemple, ou bien entre le toit et le mur de la galerie; cette tige T n'est pas complétement cylindrique; elle porte, suivant une de ses génératrices, une crémaillère dont les dents sont saisies par un système de deux roues coniques; l'une de ces roues X a son axe fixé au perforateur; elle est munie d'une manivelle m, de telle sorte qu'on peut, en tournant cette manivelle, faire avancer l'outil dans les deux sens sur la barre de support T.

Le jeu de cet appareil est facile à concevoir : en ouvrant le tuyau d'admission de l'air W, en faisant tourner à la main le volant V, on mettra le tiroir d'admission A A dans la position voulue pour qu'il admette l'air sur une des faces du piston H; le piston avancera, et en même temps un mouvement de rotation sera transmis par les bielles S S à la vis P et par suite à la roue N et au foret lui-même; le volant continuant à se mouvoir, l'admission aura lieu sur la face opposée du piston; l'air qui se trouve de l'autre côté s'échappera dans la galerie, et ainsi de suite : à chaque course du piston, la tige L, entraînant le foret dans son mouvement, tournera sur elle-même, toujours dans le même sens. On a soin, pour ménager les forets, d'injecter de l'eau dans le trou pendant le travail.

Comme construction, cet appareil est fort simple; il est construit entièrement en fer, en fonte et en acier; toutes les pièces qui se meuvent sont en acier fondu; il est très-peu volumineux : son poids est de 65 kilogr. Il est destiné à travailler à l'air comprimé à la pression d'une atmosphère, et, sous cette pression, il donne de 300 à 400 coups à la minute. Le diamètre des forets qui sont manœuvrés par ce perforateur varie de 0^m.018 à 0^m.025.

Dix de ces appareils fonctionnent dans des mines en Suède : 6 aux mines de Persberg, 2 aux mines de Langban, 2 aux mines d'Atvidaberg; un de ces perforateurs est en travail en Danemark.

Les résultats moyens donnés par l'appareil ont été les suivants, d'après les indications qui nous ont été communiquées : dans le granit, avec un foret d'environ 0^m.020 de diamètre, en travaillant sous une pression d'air d'une atmosphère, on a obtenu un avancement de 2^m.20 par heure, c'est-à-dire un avancement environ cinq fois plus considérable qu'on ne l'obtient par le forage à la main des coups de mines.

Un des perforateurs de M. Bergstroëm a fonctionné pendant 700 jours sans nécessiter aucune réparation ; l'un des deux appareils qui figurent à l'Exposition à percé 1000 mètres de trous de mines dans une roche moyennement dure connue sous le nom de malacolite (c'est une variété de pyroxène diopside).

Le perforateur de M. Bergstroëm est bien combiné ; il est d'une construction solide, sujet par cela même à peu de dérangement ; c'est assurément l'un des plus simples de tous ceux qui figurent à l'Exposition ; il est d'ailleurs d'un prix modéré : il coûte 500 francs, pris en Suède. Il pourrait facilement être installé sur un chariot qui rendrait son maniement plus commode pour les grands travaux. La seule objection qu'on puisse lui faire, c'est qu'il n'est pas complétement automatique, puisque l'avancement de l'outil doit être donné à la main, ce qui nécessite une attention, pour ainsi dire, constante de la part de l'ouvrier qui le manœuvre.

Cet appareil nécessite l'emploi d'un moteur pour comprimer l'air et d'un réservoir pour accumuler l'air comprimé et régulariser sa pression. On peut estimer à 4 ou 5 chevaux la force nécessaire pour comprimer l'air destiné à faire mouvoir ce perforateur.

APPAREILS CAVATEURS, de M. *Trouillet* (France). (Pl. XXV, fig. 1 à 16.)

L'appareil imaginé par M. Trouillet et désigné par lui sous le nom de *cavateur* est destiné à creuser des chambres au fond des trous de mines ; il peut également servir à élargir un trou cylindrique sur toute sa hauteur en reprenant le travail par le bas.

L'avantage qu'il y a à placer la poudre qui doit faire sauter un coup de mine dans une cavité plus large que le trou lui-même et située au fond de ce trou, est facile à concevoir : d'abord on peut par ce moyen réduire la section de la partie inutile, si l'on peut ainsi dire, de celle qui ne reçoit pas la poudre, et, par conséquent, il y a là une économie de main-d'œuvre ; en second lieu, l'efficacité d'un trou de mine élargi à sa base sera plus considérable que si le trou était de même diamètre sur toute sa hauteur, parce que dans ce cas la cavité où la poudre s'enflammera, où les gaz se produiront, aura une plus grande surface résistante, la section de la partie bourrée étant moindre relativement à la section de la chambre occupée par la poudre. Or, on sait que souvent les coups de mine se débourrent, et qu'en tous cas le bourrage cédant toujours un peu, il en résulte une diminution d'effet utile. On réduit encore par là la surface relative du trou de l'épinglette qui laisse toujours échapper une partie des gaz produits.

Les avantages de ces chambres de mine ont été constatés depuis longtemps, mais on n'était pas parvenu à les creuser d'une façon pratique. Un ingénieur des ponts et chaussées, M. Courbebaisse, a bien proposé et employé lui-même l'acide hydrochlorique pour creuser des chambres de mine dans certaines roches ; mais ce procédé ne peut être appliqué qu'à des roches calcaires, et encore faut-il qu'elles soient compactes et ne présentent pas de fissures pouvant donner issue à l'acide. Nous l'avons vu appliqué d'une façon très-ingénieuse dans l'île de Pommadère où M. Dussaut exploitait par l'acide hydrochlorique des carrières de calcaire compacte pour la construction du port Napoléon à Marseille ;

l'introduction de l'acide se faisait par un siphon à deux tubulures de diamètres inégaux; celle qui communiquait avec le réservoir d'acide et qui servait à son introduction avait un diamètre plus petit que le corps du siphon, afin que l'acide ne remplît pas entièrement le corps de ce siphon; l'autre servait à l'évacuation de l'acide qui avait agi sur la roche. On mettait 6 jours à creuser par ce procédé un trou devant contenir 100 kilogr. de poudre.

Les appareils de M. Trouillet permettent d'attaquer toutes les roches en appropriant les outils dont on les arme à la dureté de la roche à entamer. Ils se rapportent à deux types : les uns agissant par rotation, les autres par percussion. Nous allons les décrire brièvement.

Cavateur à rotation (pl. XXV, fig. 1 à 8). — Cet appareil se compose d'une tige en fer *a* dont l'extrémité supérieure est filetée et passe dans un écrou muni d'un volant *d*; en tournant ce volant à la main, on fait monter ou descendre la tige *a*. Cette tige pénètre au centre d'un tube en fer creux *f*. La partie inférieure de ce tube est d'une épaisseur renforcée par deux segments circulaires *rr* à cordes parallèles, et présente deux ouvertures diamétralement opposées pour laisser passer les outils. Ce tube est saisi dans un manchon formé de deux parties *st* dans lesquelles il peut tourner; la partie *t* porte les jambes en fer qui servent à fixer l'appareil contre le sol; la partie supérieure *s* de ce manchon porte un système de roues d'angle et de manivelles qui permet de donner à ce manchon un mouvement de rotation; le taquet *y*, qui fait corps avec le tube *f*, permet à ce mouvement de rotation du manchon de se transmettre au tube *f* lui-même. Un cône creux *w* sert à garnir l'entrée du trou de mine, de façon à éviter toute oscillation du tube *f* qui le traverse. La tige *a* porte à sa partie inférieure deux rainures inclinées qui descendent jusqu'au bas de cette tige. Lorsque la tige descend dans le tube, ces rainures pénètrent dans des rainures correspondantes que portent les burins *bb*, et, par suite de leur position inclinée, ces rainures écartent les burins plus ou moins l'un de l'autre et les font sortir par les fenêtres ménagées au bas du tube *f* d'une quantité plus ou moins considérable, suivant qu'on abaisse plus ou moins la tige *a*.

La manœuvre de cet appareil est fort simple : on descend le tube *f* à la profondeur voulue et on cale l'instrument au moyen du manchon conique et des jambes de fer. Un ouvrier fait tourner le volant *d* : les burins sortent du tube *f* et viennent s'appuyer contre les parois du trou ; un second ouvrier tourne alors une des manivelles et fait par là tourner l'outil lui-même; à chaque fois que le tube fait un tour autour de son axe, l'ouvrier qui tient le volant fait tourner la tige *a*, et ainsi de suite jusqu'à ce que cette tige soit arrivée à l'extrémité de sa course; on la remonte alors, les burins rentrent dans le tube *f*; on relève celui-ci de la hauteur des burins *bb*, on cale de nouveau l'instrument et on recommence l'opération ; on continue ainsi, en allant de préférence de bas en haut sur toute la longueur à élargir, afin de n'être pas gêné par les détritus. On peut par ce moyen faire des trous cylindriques ou des cavités de 0^m.12 de diamètre. On a soin d'introduire de l'eau dans le trou pendant le travail de l'outil.

Cet instrument à rotation agit plus rapidement et plus économiquement, dit l'inventeur, que celui à percussion. Toutefois, dans les roches dures telles que le granit, le silex, les porphyres, etc., les burins d'acier s'usent trop rapidement; on leur substitue alors des outils en fer garnis de diamants noirs; il faut, dans ce cas, mettre l'outil en mouvement par un moyen mécanique; des essais qui paraissent avoir réussi ont été faits pour appliquer le moteur à eau de M. Perret à la mise en mouvement d'un cavateur muni de burins à diamants.

M. Trouillet dit que suivant la dureté de la roche et la vitesse qu'on donne à l'outil, on peut faire une chambre de 0^m.50 de hauteur et de 0^m.12 de diamètre dans 2 à 3 heures.

On remarquera que l'emploi de cet appareil suppose qu'on a creusé au préalable par les moyens ordinaires un trou de mine pour donner passage au tube f; c'est ce trou qu'on élargit avec le cavateur. Il faut avoir soin de le creuser d'environ un mètre plus profond que la hauteur à laquelle on veut faire la chambre ou l'élargissement, afin de loger les détritus; il faut que ce trou soit autant que possible régulièrement cylindrique. On remarquera également que, vu le diamètre des tubes du cavateur qui doivent pénétrer dans ce trou, il faut percer ce trou de mine provisoire d'un diamètre beaucoup plus grand que les trous de mines ordinaires qui n'ont que 0^m.035 à 0^m.045 de diamètre. Cette obligation limite l'emploi des cavateurs à de certains travaux.

Le poids d'un cavateur de ce genre pouvant servir jusqu'à 3 mètres de profondeur est de 60 kilogr. environ.

Cavateur à percussion (PL. XXV, fig. 9 à 16). — Il se compose d'une tige d qui pénètre dans un tube creux en fer k et fait saillie hors de ce tube; la partie inférieure de la tige est en acier; elle porte deux outils en acier $e\,e$ assemblés au moyen d'une charnière qui permet à chacun d'eux de décrire un arc de cercle; la dimension de ces outils est variable; on commence le travail par les plus petits, on le termine par les plus grands. Le tube k est plus long que la profondeur à laquelle on veut élargir le trou; il est fermé par une pièce de fer j sur laquelle reposent deux enclumes convexes en acier $l\,l$. Ce sont ces enclumes qui écartent les outils $e\,e$ lors du battage de la tige. Une pièce de serrage a, munie de quatre manettes n et formée de deux parties réunies par des boulons à écrous, sert à fixer le tube k à la hauteur voulue en s'appuyant sur le collet de la vis $b\,b$; cette vis passe elle-même dans un écrou en fonte c fixé au sol d'une façon invariable au moyen d'une clef qui pénètre dans la roche.

L'outil fonctionne de la manière suivante : deux ouvriers impriment à la tige d un mouvement vertical de va-et-vient, comme s'il s'agissait d'un fleuret ordinaire; un autre ouvrier fait tourner le tube k doucement et régulièrement au moyen des manettes n; de cette façon, les outils frappent les parois du trou à élargir suivant ses lignes hélicoïdales; quand la vis arrive à l'extrémité de sa course, on recommence en sens contraire jusqu'à ce que la rondelle u vienne frapper le tube k; cela indique que les outils sont au maximum d'écartement; on enlève alors la tige d et on remplace les burins par des outils plus grands, suivant le diamètre que l'on veut donner au trou : ce diamètre peut aller jusqu'à 0^m.30. On a soin d'introduire de l'eau dans le trou pour ménager les outils.

M. Trouillet indique, d'après ses expériences, que, lorsqu'on se sert de petits outils, la barre d doit donner 20 coups pour un tour de la vis, tandis qu'avec les grands outils, on va jusqu'à 70 coups par tour de la vis. Ce même outil peut servir comme cavateur à rotation dans les pierres tendres.

Les deux outils d'une même paire ont l'un le biseau vertical, et l'autre le biseau horizontal. Un cavateur à percussion pouvant opérer jusqu'à 3 mètres de profondeur pèse 100 kilogr.

Pour faire une cavité de 0^m.30 de diamètre sur 0^m.50 de haut, contenant 35 kilogr. de poudre, il faut, dit l'inventeur, 50 heures de travail dans les roches de dureté ordinaire.

Ces outils peuvent travailler sous l'eau; celui qui agit par rotation peut être employé à creuser les métaux et le bois.

L'enlèvement des détritus peut se faire par les moyens ordinaires, ou avec une curette composée d'une vis d'Archimède dont l'enveloppe cylindrique s'enlève pour la vider lorsqu'elle est amenée au jour.

On a pu voir à l'Exposition des chambres creusées dans différentes roches au moyen de ces cavateurs et composées d'une partie cylindrique terminée par deux calottes sphériques.

MACHINE A PERCER DES GALERIES DANS LES ROCHES, de MM. les capitaines Beaumont et Locock (Angleterre). (Pl. XXVI.)

La machine de MM. Beaumont et Locock est destinée à percer des galeries de mines ou des tunnels dans le roc en creusant toute la section de la galerie à la fois. Elle est mue par l'air comprimé. Voici en quoi elle consiste et comment elle fonctionne. Un plateau circulaire très-solide en fonte A (pl. XXVI) porte à sa circonférence 50 forets en acier aa ; en son centre est fixé un autre foret b. Ce plateau limite le diamètre de la galerie que l'on pourra percer; il est porté à l'extrémité d'un arbre creux en fer forgé B de 0^m.200 de diamètre extérieur; à cet arbre est fixé un piston qui se meut dans un cylindre C; la course de ce piston est petite, elle n'est que de 0^m.200 environ. L'air est distribué aux deux faces du piston par un tiroir D qui reçoit son mouvement au moyen de deux leviers articulés et coudés, commandés par un taquet; ce taquet est porté par un bras M fixé à la tige B du piston. Le tiroir, par suite de la disposition générale de la machine, a une course très-petite, 0^m.030 environ; il offre une particularité qui est reproduite dans l'une des figures : c'est qu'il est en quelque sorte double, c'est-à-dire que les épaisseurs du tiroir destinées à masquer les lumières sont percées elles-mêmes d'une lumière, et que la table du tiroir offre une disposition semblable; la course de ce tiroir étant forcément très-petite, on arrive par cette disposition à donner aux lumières, lors de l'échappement une section beaucoup plus considérable que cela ne serait possible avec un tiroir ordinaire; on diminue ainsi la résistance de la contre-pression de l'air non encore échappé; c'est une disposition analogue à celle des soupapes à papillon qui, dans les locomotives, servent à prendre la vapeur pour les cylindres; par un très-petit mouvement angulaire de ces soupapes à papillon, on démasque une grande surface de prise de vapeur. En arrière du bras qui commande le tiroir se trouve, calée sur l'arbre du piston, une roue d'engrenage à dents courbes R ; elle engrène avec une vis sans fin et donne à l'arbre B et, par suite, au plateau A et aux forets qu'il porte, un mouvement de rotation autour de l'axe. En F se trouvent sur l'arbre de la vis sans fin deux secteurs à jantes coniques; chacun de ces secteurs butte contre un ressort et embrasse la gorge conique d'une roue à axe vertical contre laquelle ils frottent; ils sont destinés à remplacer une roue à rochet et un chien d'arrêt; le bras M, qui commande les leviers coudés du tiroir, communique à l'arrière avec une tringle horizontale qui fait tourner l'un des secteurs coniques et, par suite, la vis sans fin et la roue dentée R; le second secteur, qui est fixe et retenu par un ressort, empêche le mouvement en sens contraire de la roue à gorge conique qui est fixée sur l'axe de la vis sans fin. A son extrémité d'arrière G, l'arbre B du piston est terminé par un plus petit diamètre, de façon à recevoir un petit tube sur le bout duquel s'adapte un tuyau en caoutchouc qui amène de l'eau sous pression; cette eau passe à travers le vide intérieur de l'arbre B, et, par des tuyaux embranchés sur cet arbre, elle est conduite à la circonférence du plateau A pour aller pénétrer dans la rainure creusée par les forets. Des barres H, munies de pas de vis et terminées par des pointes ou des têtes à écrous, servent à caler la machine contre différents points de la paroi cylindrique de la galerie qu'elle perce.

En K se trouve un grand plateau où l'on peut déposer les outils de rechange ou nécessaires à la manœuvre. Les coussinets N reçoivent les roues qui servent à déplacer la machine et à l'amener au point où elle doit travailler. Dans les tunnels ou galeries en percement, cette machine est portée par des roues à boudins, I.

La manœuvre de l'appareil est facile à saisir : une fois la machine amenée devant le front de la galerie à percer, on la cale au moyen des barres H et de coins placés sous les roues. On ouvre alors l'admission de l'air comprimé, en tournant le petit volant m. Le piston reçoit un mouvement de va-et-vient qui est transmis directement au plateau et aux 50 forets qu'il porte ; en même temps la vis sans fin F transmet à l'arbre B, au plateau A, et par suite aux forets un mouvement de rotation autour de l'axe du piston, de telle façon que les forets font dans la roche une entaille circulaire, en même temps que le foret central perce un trou au milieu du bloc de roche cylindrique isolé. L'air qui a agi dans le piston s'échappe librement dans la galerie par les parois latérales de la boîte à tiroir et sert à l'aérage des travaux. On avance la machine autant qu'il est nécessaire pour produire la rigole circulaire de la profondeur voulue ; quand on a creusé la roche sur une profondeur suffisante, on recule la machine, on charge de poudre le trou central, on le fait sauter, et par son explosion il détache tout le cylindre de roche qui a été isolé par les fleurets. On enlève les déblais ; on remet alors de nouveau la machine en place contre le front de la galerie, et on recommence l'opération.

Il pourrait arriver que l'on eût quelque difficulté à maintenir droit l'axe de la galerie dans ces différentes reprises successives : pour permettre de mettre toujours de niveau l'axe de l'arbre moteur, les roues à boudins, I, qui supportent la machine sur les rails de la galerie, sont portées par des coussinets excentriques qui peuvent se déplacer au moyen de vis sans fin ; en tournant avec une clef les arbres PP qui commandent ces vis sans fin, on peut élever ou abaisser le coussinet de chacune des roues indépendamment et ramener l'axe de l'arbre dans la direction voulue.

Enfin le chariot qui porte l'arbre du piston peut recevoir un mouvement d'avancement au moyen du mécanisme Q qui commande une vis reliée au bâti de la machine ; cet avancement peut être donné à la main ou par le mouvement même de l'arbre B, au moyen d'un système de deux secteurs à jantes coniques et d'une roue à jante conique, semblable à celui décrit précédemment ; cela permet d'avancer le plateau A d'une certaine quantité sans déplacer la machine ; on voit sur l'une des figures qu'à cet effet l'arbre B passe à son extrémité dans un coussinet S qui lui permet de se mouvoir longitudinalement.

Cette machine pèse 10,250 kilog. ; elle travaille normalement avec de l'air à deux atmosphères de pression ; elle donne alors 250 coups par minute ; un réservoir de 3^m,35 suffit pour emmagasiner l'air nécessaire à sa marche régulière. La machine, telle qu'elle est exposée au Champ de Mars, n'a pas encore été essayée pratiquement. Les premiers essais faits par le capitaine Beaumont, à Dublin, se rapportent à une machine n'offrant pas la même disposition que celle-ci. Cette nouvelle machine est assez volumineuse et d'un poids considérable : il serait possible de réduire les dimensions de quelques-unes des pièces qui la composent en les faisant en acier fondu.

Le principe sur lequel est basé cette machine, c'est qu'il faut percer les galeries ou les tunnels en quelque sorte d'un seul coup et d'une façon entièrement automatique, si bien que, lorque la rigole circulaire aura isolé un bloc de roche, et qu'au moyen du coup de mine central on l'aura fait sauter, les ouvriers n'aient à intervenir dans le travail que pour enlever les déblais ; en un mot, la machine doit faire elle-même tout le travail de l'abattage de la roche. Sans entrer ici dans la discussion théorique de cette question, nous dirons que la solution du problème qui consiste à percer une galerie économiquement au moyen des machines, ne nous semble pas devoir être réalisée ainsi. Il est facile de comprendre que quand on creuse une rigole autour d'un bloc de pierre, et qu'on fait ensuite sauter un trou de mine au centre de ce bloc, on a limité d'avance et d'une façon absolue l'action de la poudre placée dans ce trou central; rien ne prouve que, placé dans un massif de roche intacte, ce trou de mine n'aurait pas fait tomber un bloc plus considérable que le cylindre limité par la machine; cette considération est importante, car la machine ne donnera que rarement le diamètre *définitif* voulu pour la galerie ; de plus, le coup de mine agira sur une surface de roche d'autant plus grande que la dureté de la roche, ses fissures, ses clivages, ou bien encore sa propre direction, s'y prêteront le mieux: or, ce sont là autant de circonstances dont la machine en question ne tient aucun compte, puisqu'elle agit toujours sur un même diamètre et que les forets travaillent dans une direction déterminée d'avance. Il nous semble d'ailleurs que la manière la plus avantageuse d'abattre les roches ne consiste pas à écarter complétement le travail du mineur, mais au contraire à le combiner avec le sautage des trous de mines creusés soit à la main, soit par les perforateurs mécaniques. L'effet des coups de mines ne doit pas, en effet, consister tant à *abattre* la roche qu'à la fendre, à la désagréger, de façon à ce que l'ouvrier, qui devra toujours forcément intervenir dans le travail, au moins pour enlever les déblais, puisse facilement la débiter, l'enlever avec son pic ou sa pelle. C'est une erreur, croyons-nous, de vouloir percer des galeries entièrement à la machine ; en outre, c'est un travail qui ne paraît guère praticable d'une façon courante.

Indépendamment des considérations générales qui précèdent, il importe de faire quelques observations spéciales à la machine de MM. Beaumont et Locock : dans l'absence des résultats d'expériences, nous les présentons sous toute réserve, comme signalant des faits probables.

D'abord, on remarquera que la machine donne des galeries de sections circulaires : or, les tunnels de chemins de fer, en vue de la construction desquels cet appareil a été imaginé, non plus, d'ailleurs, que les galeries de mines, n'ont pas cette section-là; donc, pour en arriver définitivement à la section voulue, il faudra faire, à la main ou à l'aide de perforateurs, des trous destinés par leur sautage à ramener cette forme cylindrique à la forme d'une voûte à section circulaire reliée par des pieds-droits à un sol horizontal ou à toute autre forme que celle du cylindre. D'ailleurs, les tunnels de chemins de fer ont généralement des sections assez considérables, tandis que celles de la machine dont il s'agit sont forcément limitées; pour le percement des tunnels de chemins de fer, il faudra donc faire, au moyen de la machine, souvent un nombre considérable de galeries parallèles pour arriver à la section voulue, ce qui est une grande complication.

En outre, il est à craindre que dans les roches très-dures les fleurets ne mordent pas tous également, et d'ailleurs leur grand nombre (on a vu qu'il y en a 54) augmente les chances de rupture et par suite les causes d'arrêt de la machine. Dans les roches tendres, un inconvénient inverse pourrait se produire: si le bloc cylindrique de roche isolé par les fleurets venait à se détacher, il viendrait appuyer contre les fleurets du bas et pourrait fausser leur direction ; il serait alors nécessaire d'arrêter le travail et de reculer la machine pour dégager ce bloc d'entre les fleurets. On remarquera que la longueur des fleurets est limitée par la résistance qu'ils doivent présenter, quel que soit d'ailleurs le métal qu'on emploie à leur construction ; or, chaque fois que les fleurets auront pénétré de toute leur longueur, il faudra ramener la machine en arrière, soit pour les changer et en mettre de plus longs, soit pour faire sauter le bloc ; or, les changements de fleurets seront longs et assez difficiles, car la machine remplit presque complétement la galerie qu'elle perce, et la profondeur des rainures cylindriques qu'on pourra creuser par ce moyen nous semble devoir être assez courte par rapport aux difficultés de mise en marche de l'appareil.

Enfin le poids considérable de cette machine rendra son transport peu commode sur les routes inclinées ou mal entretenues.

M. Beaumont espère pouvoir bientôt faire travailler à Anzin la machine qui est au Champ de Mars. Nous croyons qu'il n'est que juste d'attendre les résultats de ces essais avant de se prononcer définitivement sur la machine de MM. Beaumont et Locock, l'expérience étant le juge suprême dans de semblables questions.

En terminant l'étude de cette machine, nous signalerons le mode de transmission adopté par les inventeurs pour remplacer les roues à rochets et les chiens d'arrêt qui les manœuvrent habituellement. Les inventeurs, nous l'avons déjà indiqué sommairement, ont remplacé ces roues dentées par deux fractions de disque en forme de secteurs circulaires à jantes coniques saillantes, qui appuient contre la gorge conique d'une poulie intermédiaire fixée à l'arbre que l'on veut faire tourner ; l'un des secteurs, animé d'un mouvement de va-et-vient, transmet le mouvement de rotation à la poulie qui commande l'arbre à faire mouvoir ; l'autre sert à empêcher le mouvement de retour de la poulie sur elle-même ; des ressorts empêchent le mouvement des secteurs en sens contraire. Cette disposition ingénieuse offre le grand avantage de supprimer les rochets à dents ; or, dans une machine du genre de celle-ci, cette suppression présente un très-grand intérêt, car les chocs et les vibrations nombreuses qui s'y produisent amèneraient fréquemment la rupture des dents ; en outre, dans le cas de résistance accidentelle très-grande de l'arbre de la poulie, les deux secteurs glissent l'un contre l'autre sans inconvénient.

Sautage des coups de mines.

Il nous reste à compléter l'étude des perfectionnements apportés au travail des coups de mines proprement dits ; nous avons étudié les machines qui servent à percer les trous ; il faut maintenant examiner les différents procédés proposés pour le sautage de ces trous.

Mèches de sûreté. — Le premier perfectionnement à signaler dans cette voie est l'emploi des mèches de sûreté (*safety fusees*). Leur invention est due à M. William Bickford ; dès 1833, elles étaient adoptées en Angleterre pour le travail des mines ou des roches à faire sauter, notamment à cette époque au port de Kingstown. Ces mèches de sûreté consistent essentiellement en une corde tressée et goudronnée, contenant dans son axe une traînée de poudre ; cette corde est formée de neuf fils de chanvre ou de coton enroulés de gauche à droite en hélices parallèles et jointives autour de la poudre qui en occupe le centre ; une deuxième enveloppe extérieure est formée par cinq fils plus fins enroulés de droite à gauche en hélices juxtaposées, mais non jointives. Pour se servir de ces mèches, on les coupe de la longueur voulue, de façon à ce qu'une des extrémités fasse saillie de quelques centimètres hors du trou de mine ; l'autre extrémité pénètre dans la charge de poudre qui est enfermée dans une cartouche de papier fort, graissé ou non, ou de toile goudronnée ; la mèche se loge le long des parois du trou. Il se comprend que l'on supprime ainsi l'emploi de l'épinglette, qui était une source de danger par suite des chocs qu'elle pouvait recevoir du bourroir lors du bourrage du coup de mine; l'emploi d'épinglettes et de bourroirs en cuivre n'a pas supprimé complétement ce danger; de plus, tandis que l'épinglette dans un trou de mine de $0^m,03$ de diamètre laisse un vide de $0^m,01$ environ, le canal qui reste après la combustion de la poudre de la mèche est seulement de $0^m,004$ de diamètre.

Pour bourrer le trou tout autour de la mèche de sûreté il n'y a d'autre précaution à prendre que d'éviter l'introduction dans le bourrage des fragments de roches qui pourraient couper la mèche et lui communiquer le feu; il est facile d'éviter cet inconvénient en triant les débris qui servent à ce bourrage; on met ensuite le feu à la mèche : elle brûle avec lenteur à raison de $0^m,50$ par minute environ, dans un trou bourré, ce qui permet à l'ouvrier de se mettre à l'abri de l'explosion; à l'air libre ces mèches brûlent à raison de $1^m,25$ par minute; elles contiennent de 11 à 12 grammes de poudre par mètre courant.

On comprend de reste l'importance de cette invention, et les grands services qu'elle a rendus depuis près de trente ans dans tous les pays, sont faciles à imaginer. Les avantages de ces mèches se résument en deux points : 1° une plus grande sécurité pour les ouvriers employés au sautage des mines; 2° une économie dans les frais du tirage à la poudre, l'expérience ayant démontré que l'emploi des fusées permet de diminuer le poids de la charge d'un trou de mine donné, tout en réalisant une économie notable sur le temps employé au chargement du trou, et que de plus les coups amorcés avec des mèches ratent moins souvent que ceux amorcés avec l'épinglette.

Nous ne pouvons indiquer ici en détail les produits de ce genre, exposés par les différents fabricants; ils sont d'ailleurs peu variables entre eux comme aspect, et les différences qu'ils peuvent présenter ne sont susceptibles d'être appréciées que dans la pratique. Aussi, sans vouloir en quoi que ce soit diminuer le mérite des autres fabricants, nous ne serons que juste en faisant observer que MM. Bickford, Davey, Chanu et Cⁱᵉ, sont les premiers qui aient fabriqué ces mèches de mineurs inventées par l'un deux, M. William Bickford; cette fabrication prit, au bout de quelques années, une telle importance que ces industriels durent établir à Rouen, Marseille, Marcinelle près Charleroi, Stockolm et Bilbao, des succursales de leur maison d'Angleterre,

Les mèches de mineurs reçurent bientôt de très-nombreuses applications en dehors des mines : parmi les plus importantes nous citerons les travaux de Kingstown, du tunnel du Lioran, du chemin de fer de la Marne au Rhin, des bassins de Cherbourg, de Brest, des chemins de Paris à Mulhouse, Paris à Lyon, Lyon à Marseille, du Grand Central, du port de Marseille, du Mont Cenis et tout récemment du Trocadéro. Nous ajouterons que ces mèches ont été employées également avec succès comme étoupilles de guerre. En présence d'une telle consécration de la pratique, et en considérant les accidents qui ont été évités par l'emploi de ces mèches de sûreté, le nombre de vies qui ont été préservées, on ne peut qu'encourager le développement de cette utile industrie; c'est ce qui n'a peut-être pas été suffisamment fait jusqu'ici.

Parmi les types principaux que présentent ces mèches de mineurs, nous citerons : celles destinées au tirage des mines dans les terrains secs, dont l'enveloppe extérieure est en coton ordinaire; les mèches dont l'enveloppe extérieure est goudronnée pour le travail dans les terrains humides et marécageux. Dans les terrains où la proportion d'eau est encore plus considérable, on emploie des fusées avec enveloppe de gutta-percha; mais comme le prix de cette substance est assez élevé, on a utilisé récemment la paraffine pour en faire l'enveloppe extérieure des mèches hydrofuges; on réalise ainsi une diminution de prix sur les mèches à enveloppe de gutta-percha. On fabrique également des mèches dont

la corde est entourée d'une enveloppe métallique en plomb et qui présentent
une grande résistance à l'action du bourrage. Les mèches qui sont destinées à
être employées dans des travaux mal aérés sont fabriquées de façon à donner le
moins de fumée possible. Ces différents types varient d'ailleurs suivant les éta-
blissements qui les fabriquent.

Le prix des mèches de sûreté ordinaires pour terrains secs qui était, il y a
vingt-cinq ans, de 0^f,11 le mètre courant, est aujourd'hui réduit à 0^f,06; c'est,
on le voit, une diminution de moitié. Les mèches en gutta-percha valent environ 0^f,15 c. le mètre courant.

L'emploi de ces mèches de mineurs permet de mettre le feu simultanément a
plusieurs mines au moyen de la bobine d'induction : dans ce cas, on a soin d'introduire dans le centre de la charge de chaque trou une petite cartouche entourée de fil de cuivre recouvert en gutta-percha. Nous avons vu employer ce procédé aux carrières de Frioul, près Marseille, pour extraire la pierre destinée à
former les blocs artificiels employés à la construction des jetées du port Napoléon. La cartouche qui reliait les deux extrémités des fils entre lesquels devait
se produire l'étincelle contenait du fulminate de mercure : on a fait sauter par
ce procédé, en 1860 notamment, deux galeries contenant chacune dix mille kilogrammes de poudre.

Emploi de la poudre comprimée. L'idée de comprimer la poudre pour augmenter les effets qu'elle peut produire sous un poids donné, appartient à MM. Doremus et Budd de New-York qui sont possesseurs d'un brevet relatif à cette invention. C'est M. B. Bianchi qui a fait en France et dans différents pays les premiers
essais pour employer la poudre comprimée au tirage des coups de mines.

La compression que l'on fait subir à la poudre a pour effet de rapprocher les
grains les uns des autres, de telle sorte que quand le feu est communiqué à cette
poudre ainsi comprimée, la combustion est plus complète et l'effort produit par
son explosion sur un point donné plus considérable. Il résulte de là qu'on produit un effet donné avec une charge de poudre comprimée notablement plus
petite que si l'on employait la poudre de mine ordinaire. La compression est
proportionnée à la compacité du terrain qu'il s'agit de faire sauter ; la réduction
de volume qu'on fait subir à la poudre varie suivant la nature du terrain de 1/3
à 2/3 du volume initial. Les moules dans lesquels on comprime la poudre destinée aux mines lui donnent la forme d'un cylindre de dimensions variables et
dans lequel est ménagé, latéralement suivant une génératrice, un petit canal
cylindrique qui se prolonge à la base suivant un rayon pour aboutir à un trou
suivant l'axe. Ce canal est destiné à loger la mèche de sûreté qui doit communiquer le feu à la charge de poudre comprimée ; on a soin de recourber l'extrémité de cette mèche de façon à la faire entrer dans le trou central afin que le
feu se transmette au milieu de la charge. On entoure au besoin chaque cylindre de poudre et sa mèche d'une enveloppe de papier un peu fort recouvert de
kaolin ou d'un autre silicate qui le préserve de l'action de l'humidité; lorsqu'ils
sont recouverts de cette enveloppe, ces cylindres peuvent se transporter très-
facilement et sans danger; on a constaté par expérience qu'on peut les placer
sur des brins de paille enflammés sans qu'ils prennent feu. Un cylindre de poudre comprimée ayant 0^m,15 de long et 0^m,03 de diamètre contient 200 grammes
de poudre. Quand on veut arriver à un poids exact de poudre, si la cartouche est
trop légère, on introduit de petits cylindres de poudre dans le trou central ré-
servé dans la cartouche.

Quand on casse une de ces cartouches de poudre comprimée, on aperçoit très-
nettement tous les grains de poudre rapprochés et réunis entre eux par la pou-

dre en poussière, comme par un ciment ; la surface extérieure est complétement lisse et unie.

La fabrication de ces cartouches de poudre comprimée n'est pas dangereuse. Elle n'a pas encore été appliquée en France et ne le sera peut-être pas de long-temps, le gouvernement français ayant acheté le brevet pour la France de MM. Dorémus et Budd, et l'adoption de ces cartouches devant avoir pour effet de diminuer considérablement la consommation annuelle de la poudre.

M. Bianchi a fait sur la combustion de la poudre ordinaire des expériences très-intéressantes que nous regrettons de ne pouvoir décrire ici ; il en résulte notamment que « pour brûler dans les meilleures conditions et produire le maximum d'effet utile, la poudre doit brûler dans des espaces aussi restreints que possible tout en conservant la forme granulaire qui facilite la circulation de la flamme. » C'est là la justification de l'emploi de la poudre comprimée. M. B. Bianchi a expérimenté l'emploi de cette poudre dans plusieurs pays avec succès. L'application la plus importante a été faite au mont Cenis pour le percement du tunnel des Alpes. On fabrique là, sur place, les cartouches de poudre comprimée par le procédé dont il s'agit ici et on les emploie pour charger tous les coups de mines. Or, l'avancement mensuel des travaux du tunnel qui était auparavant de 42 mètres par mois est arrivé à 72 mètres dans le même temps, depuis l'adoption de cette poudre ; il est bien probable qu'une partie au moins de cet accroissement considérable est due à l'emploi de la poudre comprimée.

Il importe d'ajouter que le prix de fabrication de ces cartouches de poudre comprimée est peu élevé, et qu'en tenant compte de l'économie de poudre que l'on réalise et qui paraît être de 1/5, il y a avantage à les employer.

Les résultats obtenus par la compression de la poudre de guerre sont tout aussi remarquables ; des expériences faites par M. Bianchi, devant une commission spéciale, il est résulté que dans un canon de gros calibre recevant des boulets de 120 kilog., une charge de 3 kilogrammes de poudre comprimée a donné au projectile la même vitesse et la même portée qu'une charge de 7 kilog. de poudre ordinaire.

Ajoutons que la compression de la poudre constitue une découverte récente, et qu'en ce qui concerne les mines spécialement, elle est loin d'avoir reçu tous les perfectionnements dont elle paraît susceptible.

Emploi de la nitroglycérine. C'est M. Nobel, ingénieur suédois, qui a proposé de substituer la nitroglycérine à la poudre dans le travail des mines. Cette substance, dont la formule chimique est $C^6 H^5 Az^3 O^{18}$ est composée de 3 équivalents d'acide azotique et d'un équivalent de glycérine. Elle fait explosion à environ 183° centigrades et donne alors pour un volume de liquide 1298 volumes de gaz à une température beaucoup plus considérable que ceux provenant de l'explosion de la poudre : à volume égal son activité est 13 fois plus grande que celle de la poudre ordinaire, et à poids égal elle est 8 fois plus grande. Il y aurait donc grand avantage à charger un trou d'un volume donné avec ce corps-là de préférence à la poudre ; de plus, comme cette substance est insoluble, elle pourrait être employée aux explosions de mines sous l'eau : elle permet d'ailleurs de supprimer le bourrage du trou ; mais elle constitue un poison énergique et son prix est très-élevé, ce qui empêche son emploi de se vulgariser. Pour lui enlever ses propriétés explosives et faciliter son transport, M. Nobel propose de la mélanger avec de l'esprit de bois : dès lors elle ne fait plus explosion ni par la chaleur ni par les chocs. Pour lui rendre ses propriétés explosives il suffit d'y ajouter de l'eau ; l'esprit de bois mélangé à l'eau surnage, la glycérine se précipite au fond du vase où l'on opère, d'où on la tire facilement.

Des essais ont été faits avec cette substance en Amérique, en Allemagne, en Suède et en Suisse ; elle a été aussi employée avec succès dans des carrières de grès vosgien du Bas-Rhin.

M. E. Kopp a décrit (Voir les *Annales du Génie civil*, 5ᵉ année, page 561 et suivantes) la préparation et les propriétés de la nitroglycérine ; il indique la façon suivante de s'en servir : on creuse un trou de 0ᵐ,06 de diamètre environ et de 2 mètres à 3 mètres de profondeur ; on le déblaie grossièrement et on y verse 1ᵏ,5 à 2 kilogs de nitroglycérine ; on y introduit ensuite une cartouche fixée au bout d'une mèche de mineur ; on l'enfonce jusqu'à ce qu'elle touche le liquide ; on remplit alors le trou de sable et on met le feu. L'explosion a lieu si subitement qu'on n'a pas besoin de bourrer le sable : il n'est pas jeté hors du trou ; le rocher détaché n'est pas projeté et la pierre n'est pas broyée. Avec la charge indiquée ci-dessus on peut détacher de 40 à 80 mètres cubes de roche dure.

L'un des inconvénients de cette substance c'est qu'elle engendre, par son explosion, des gaz qui occasionnent aux ouvriers de violents maux de tête. Son emploi, à part toute autre considération, est donc forcément limité aux travaux très-bien aérés.

MACHINE A COUPER LA HOUILLE ET MOTEUR A PRESSION D'EAU
DE *MM. Carrett Marshall et Cᵉ* (Angleterre). (Pl. XXVII.)

La machine à couper la houille de MM. Carret Marshall et Cᵉ agit comme une raboteuse ; elle est mue par l'eau employée à la pression de vingt atmosphères. Elle paraît au premier abord très-compliquée, ce qui s'explique par cette considération qu'elle est automatique dans tous ses mouvements. Elle se compose essentiellement d'un cylindre moteur de fonte A, dans lequel se meut le piston dont la tige reçoit à son extrémité la barre M qui porte les couteaux c, c, c ; le mouvement de cette barre est guidé par un galet V fixé à une autre barre parallèle à la précédente. La distribution de l'eau se fait dans le cylindre A au moyen d'une combinaison d'un tiroir et d'une valve qui agit comme un robinet à quatre eaux et envoie l'eau alternativement sur chaque face du piston moteur. En relation avec le cylindre A se trouve un autre cylindre en fonte B, dont l'axe est vertical ; c'est une véritable presse hydraulique. Le piston de ce cylindre porte une tige à l'extrémité de laquelle est fixé un étai ou béquille de calage C, pouvant tourner autour de son point de suspension. L'eau envoyée alternativement en dessous et au-dessus du piston de ce cylindre B par la même distribution qui commande le cylindre A, appuie la béquille C contre le toit de la galerie où se trouve la machine, la cale sur les rails pour donner aux couteaux c, c, c, le point d'appui nécessaire à leur travail et décale ladite béquille lors de la marche en arrière de la tige M et des couteaux. Cette béquille est assez longue pour franchir les irrégularités que pourrait présenter le toit de la galerie ; dans le cas où l'on rencontrerait des failles ou des crevasses on introduit dans cette béquille une poutre en bois suffisamment longue pour s'appuyer sur un toit résistant.

L'ensemble de ces deux pistons et de leurs accessoires, dans le détail desquels nous ne pouvons entrer ici, est supporté par un bâti en fer D, qui peut s'élever ou s'abaisser à la hauteur voulue le long des glissières E, E, qui sont fixées aux essieux du chariot ; ce mouvement est donné au moyen des vis sans fin F, F ; le pignon G et la crémaillère H permettent de faire varier la direction du cylindre A par rapport à l'axe de la galerie, c'est-à-dire de faire varier l'angle sous lequel les couteaux attaquent le charbon. Les écrous I, I permettent de régler l'inclinaison du porte-couteau M par rapport à la verticale, c'est-à-dire par rapport au front de taille.

Le mouvement du chariot sur les rails de la galerie est dérivé d'un goujon qui relie la barre porte-couteau M à la tige creuse du piston moteur A ; ce goujon est situé en-dessous de la machine (il n'est pas visible dans les figures); il déplace autour de son axe le levier *m n* auquel il est relié par un petit bras ; ce levier commande lui-même par l'intermédiaire de chiens d'arrêt *e* et d'un rochet *f* une poulie sur la gorge de laquelle s'enroule une chaîne K amarrée à un point fixe L, établi dans la galerie en avant de la machine, dans le sens où elle doit se mouvoir. Une chaîne *p*, indiquée dans le plan, et reliée au mouvement du porte-couteau, ramène lors de la course en avant le levier *m n* dans la position voulue pour que le goujon le manœuvre lors de la course en arrière du piston.

La machine fonctionne de la manière suivante :

L'ouvrier ouvre le robinet d'admission : l'eau arrive à la valve de distribution ; elle agit sous le piston de la presse B ; elle applique la béquille C contre le toit de la galerie. Pendant ce temps l'eau arrive aussi derrière le piston du cylindre A et les outils avancent chacun de $0^m,40$; il y en a, dans le modèle qui nous occupe, 3 à $0^m,30$ l'un de l'autre ; on voit qu'ils donnent un approfondissement total de $1^m,20$ à chaque course du piston. Quand les outils sont arrivés à l'extrémité de leur course, l'eau pénètre au-dessus du piston de la presse B, et décale la béquille C, tandis que le piston du cylindre A et les outils reviennent en arrière ; le goujon indiqué précédemment fait alors tourner le rochet *h*, la machine tire sur la chaîne K et avance de la quantité voulue pour venir faire une nouvelle entaille. L'eau arrive alors de nouveau en-dessous du piston de la presse B, cale de nouveau la béquille C, pousse les outils en avant et ainsi de suite.

Quand les couteaux rencontrent un obstacle, le tiroir de distribution continue sa course, en sorte que les couteaux reviennent sur eux-mêmes et donnent une série de petits coups. Au besoin on supprime l'obstacle par un coup de mine. Le plan des couteaux peut être rabaissé ou élevé à $1^m,00$ au-dessus des rails et les dimensions de la machine sont elles-mêmes variables suivant celles des galeries où elle doit travailler. Cette machine peut travailler sur un sol très-incliné, presque à 45° ; on la soutient au besoin par un contre-poids.

Le cylindre A peut tourner entre les roues du chariot de façon à travailler à volonté soit à droite, soit à gauche comme l'indiquent les traits ponctués d'une des figures. La machine peut, d'ailleurs, se démonter facilement pour être transportée d'un point à un autre.

Des renseignements qui nous ont été donnés sur cette machine par M. Louis Perret, ingénieur à Paris de MM. Carrett, Marshall et Co, il résulte qu'elle absorbe une force de 3 chevaux ; en marchant à raison de 15 coups de piston par minute, elle fait par heure un havage de 1 mètre à $1^m.20$ de profondeur sur $13^m.50$ à 15 mètres d'avancement ; l'épaisseur de la houille enlevée par les couteaux est de $0^m.075$. Ce travail correspond à une dépense de 135 litres d'eau par minute ; cette eau doit être employée à la pression de 20 atmosphères ; elle est amenée par des tuyaux en caoutchouc qui résistent très-bien à cette pression. Au delà de 30 atmosphères, on a recours à des tuyaux en fer assemblés par des joints hermétiques à genoux ou à emboîtement ; on a soin d'ailleurs d'établir sur la conduite une soupape de décharge pour laisser échapper l'eau, si la pression devenait trop considérable. L'eau qui a agi dans la machine est ramenée au besoin au point de départ par un tuyau. Le poids de cette machine est de 1000 kilogrammes.

Les couteaux sont en acier et peuvent être changés à volonté ; ils agissent sans bruit et sans choc, par simple pression ; on évite par là l'éboulement du charbon. Cette machine ne fait pas d'entailles verticales. Quand le havage a été fait

successivement au toit et au mur de la galerie ou de la couche, on agit sur le
massif de charbon ainsi isolé sur deux faces sensiblement parallèles, afin qu'il
s'affaisse sur le mur de la galerie; on diminue beaucoup par là le déchet; en
outre on diminue beaucoup la proportion des menus. L'économie de déchet
peut être évaluée à 1/3, et, de plus, le charbon ainsi obtenu a une augmentation de valeur de 1 fr. 25 cent. par tonne.

Cette machine est en service courant à la houillère de Kippax, près Leeds,
dans différents charbonnages de l'Écosse, du Northumberland, des comtés

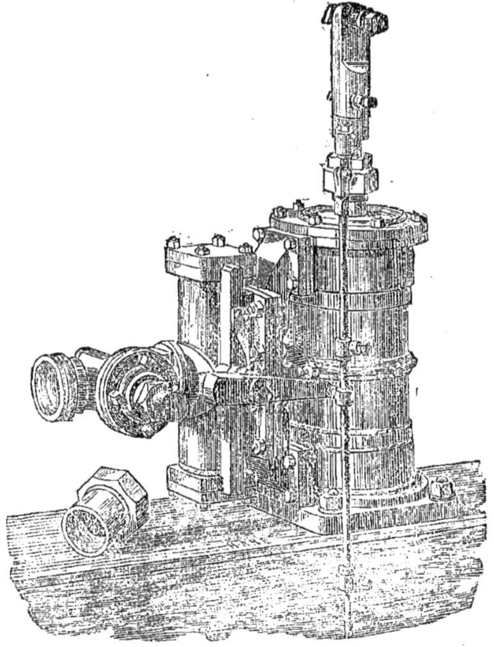

Fig. 2.

d'York et de Stafford, dans les mines de fer du district de Cleveland; elle va être
mise en service dans les mines d'anthracite de Pensylvanie et dans les mines de
cuivre du Brunswick. A la houillère de Kippax, elle donne journellement 13ᵐ.50
d'avancement par heure avec les économies et la plus-value du charbon indiquées plus haut. C'est là qu'elle a été appliquée pour la première fois et que les
ouvriers, en la voyant travailler, lui ont donné le surnom de « *the iron man* »
(l'homme de fer). Un homme et un gamin suffisent à la conduite de la machine,
car on a vu que tous ses mouvements étaient automatiques; le rôle des ouvriers
se borne alors à surveiller la distribution et le travail des outils, et à avancer,
lorsque cela devient nécessaire, l'appui fixe L, auquel la chaîne qui donne l'avancement est attachée.

L'usage de cette haveuse automatique n'est pas exclusivement borné aux mines
de houille; elle peut travailler également dans les mines de fer et de cuivre,
comme on vient de le voir, et aussi dans les carrières de pierres à bâtir, d'ar-
doises, etc., en général dans toutes les roches qui peuvent se tailler au cou-

teau. La seule condition indispensable, en dehors de celle-là, est d'avoir un bon
toit, afin que la machine puisse y prendre son point d'appui au moyen de la
béquille de calage, sans quoi il faudrait l'agrafer sur les rails, ce qui ralentirait
beaucoup le travail, compliquerait le mécanisme et ne serait d'ailleurs possible

Fig. 8.

que sur des rails exceptionnellement établis. On peut voir à l'exposition des
morceaux de houille et de pierre à bâtir, dans lesquels des havages ont été faits
par la machine, avec une assez grande régularité.

Nous avons dit que la machine haveuse de MM. Carrett et Marshall, pour travailler dans des conditions normales, absorbait par minute la force de 135 litres
d'eau à la pression de 20 atmosphères, soit 8,100 litres d'eau par heure; ces
conditions se trouvent réalisées naturellement dans un grand nombre de mines.
Dans les mines où la pression n'est pas suffisante, on peut l'augmenter dans la
proportion qu'on voudra, au moyen de colonnes montantes surmontées d'un
réservoir dans lequel l'eau sera accumulée par un petit moteur spécial, jusqu'à un volume double, triple et quadruple de celui absorbé par la machine
haveuse. L'eau qui sort du cylindre de cette machine haveuse peut être envoyée
dans une galerie d'écoulement, s'il en existe dans la mine; dans le cas con-

traire, on ferme le circuit des conduites et on la ramène à la bâche de la pompe de compression d'où elle est prise et renvoyée dans le cylindre de la haveuse ; c'est alors la même eau qui sert toujours. On peut satisfaire à ces différents besoins des travaux des mines où l'on emploie la haveuse de MM. Carrett et Marshall, au moyen d'un petit moteur à pression d'eau imaginé par les mêmes constructeurs. Ce moteur se compose essentiellement d'un cylindre vertical en bronze dans lequel se meut un piston. La tige du piston porte un bras qui commande une barre verticale ; sur cette barre sont deux taquets qu'on peut y fixer à la hauteur voulue. Entre les deux taquets, la barre passe dans un manchon que porte l'arbre qui commande la valve de distribution ; la distribution est analogue à celle de la machine haveuse. Le moteur, dans ces conditions, est alternatif (Voir la figure 2, page 52).

Pour le rendre rotatif, il suffit d'y ajouter un volant, un arbre, une manivelle et une bielle en dessus reliée à la tige du piston. Le moteur rotatif représenté figure 3 (page 53) a été construit pour l'Exposition, et la disposition adoptée pour transformer le mouvement du piston a eu pour but de rendre la machine aussi peu volumineuse que possible, et surtout de diminuer sa hauteur afin de ne pas masquer les autres appareils exposés. Dans ce modèle, la tige du piston porte, suivant deux génératrices diamétralement opposées, deux crémaillères ; ces crémaillères commandent des leviers à secteurs placés entre les deux disques que l'on voit dans la figure ; ces disques portent chacun et à la même distance de l'arbre une rainure circulaire où s'engagent des coins mobiles reliés aux secteurs et qui ne peuvent se mouvoir que dans un sens : l'un fonctionne à la montée, l'autre à la descente du piston, pour faire tourner l'arbre du volant. Une tige courbée reliée à l'un des secteurs règle l'admission. Les axes de rotation de ces deux secteurs sont portés par des tringles fixées contre le cylindre moteur. Dans le moteur représenté figure 3 et destiné aux travaux souterrains, on aperçoit autour de la jante évidée du volant la corde qui commande les treuils ; la corde plus petite, qui est fixée aux deux petites manivelles calées sur l'arbre du volant, sert à commander d'en haut le mouvement de la machine. On a ajouté là comme accessoire un engrenage destiné à accélérer le mouvement de rotation, à transmettre le mouvement dans toutes les directions et à montrer à quels usages la machine se prête.

Cette machine, dont le piston a 0^m,050 de diamètre, est du prix de 1100 francs environ ; elle est ordinairement fort simplifiée, quant à la construction, et revient moins cher. Elle dépense 55 litres d'eau par minute, soit 3^{m3}.300 par heure. Sous 25 mètres de chute, elle donne la force d'un homme, soit 1/6 d'un cheval ; elle peut, dans ces conditions, mettre en mouvement, par exemple, 25 machines à coudre. A 20 atmosphères et à 50 tours, elle fait 3 chevaux.

Les mêmes constructeurs font des machines de ce type ayant jusqu'à 0^m,178 de diamètre du cylindre moteur.

Le modèle à mouvement alternatif peut être appliqué à actionner, directement et sans volant, des pompes, des accumulateurs, des soufflets d'orgues, des forges, des scies pour le bois ou la pierre, etc. On peut rendre le mouvement de ce moteur alternatif différentiel, en créant, au moyen d'un robinet convenable, un retard à l'échappement de l'eau qui a agi sur l'une des faces du piston.

L'autre type, le moteur rotatif, peut recevoir toutes les applications dont sont susceptibles les moteurs rotatifs : il offre l'avantage d'être compact, simple et d'un prix assez modéré ; aussi un grand nombre de ces machines ont-elles été déjà construites.

Dans les mines, ce moteur peut profiter de la pression d'eau installée pour faire marcher soit un plan incliné, soit des pompes, soit un ventilateur ou d'autres appareils. C'est à ce point de vue qu'il peut être considéré comme un auxiliaire utile de la machine haveuse.

MACHINE A COUPER LA HOUILLE ET MOTEUR A AIR COMPRIMÉ
de MM. Jones et Levick (Angleterre). (Pl. XXVIII).

La machine à couper la houille de MM. Jones et Levick constitue en réalité un véritable pic de mineur mis en mouvement par l'air comprimé ; elle peut être mue également par la vapeur. (Pl. XXVIII, fig. 1, 2, 3.)

Cette machine se compose d'un cylindre A dans lequel se meut un piston B ; à ce piston est fixée, par une de ses extrémités, une bielle C qui commande par un bras D l'arbre E auquel est fixé le pic *a*; cet arbre E est maintenu par des tourillons F, F dans l'intérieur desquels il peut tourner ; ces tourillons sont fixés au cylindre G muni d'une roue dentée ; ce cylindre peut tourner librement dans deux colliers I, I fixés au chariot qui porte le cylindre A ; on peut, au moyen de la manivelle à volant *m* et du pignon *n* qu'elle commande, transmettre au cylindre G un mouvement de rotation autour de son axe, et par suite placer l'arbre E et le pic lui-même dans telle position où l'on voudra le faire travailler. L'arbre E et par suite le pic lui-même sont maintenus dans la position voulue par une broche qui traverse un des trous dont la roue *m* est percée, ce qui permet de la fixer à volonté. Le mouvement est transmis au piston B par le moyen du tiroir H ; ce tiroir est conduit par le piston de la façon suivante : la tige C du piston est creuse ; dans cette partie creuse pénètre une tige M plus petite, portant à chaque extrémité un taquet ; entre ces deux taquets une pièce de fonte ou de laiton cylindro-conique P, est enfilée sur cette tige le long de laquelle elle peut glisser sans frottement ; la tige M à son extrémité libre est reliée à l'un des deux bras d'un levier ayant un point fixe O, et dont l'autre bras commande la tige N du tiroir. Une poignée S permet de manœuvrer le tiroir à la main.

Cette disposition nouvelle qui consiste à évider la tige du piston et à y loger cette pièce de bronze ou de fonte mobile sur la tige intérieure M, a pour effet de rendre le mouvement du piston automatique et de faire commander ce mouvement par le pic lui-même. Quand le piston se meut dans la direction indiquée par la flèche, la pièce P est entraînée avec lui ; si le piston complète sa course, cette pièce P, en vertu de sa vitesse acquise, vient butter contre le taquet qui termine à l'avant la tige M et fait alors mouvoir le levier N et le tiroir H pour l'admission en sens inverse concurremment avec le piston lui-même. Le tiroir se déplaçant, l'air comprimé arrivera à l'avant du piston et le fera rétrograder ; le taquet d'avant de la tige M entraînera alors la pièce P et le piston lui-même en arrivant à l'extrémité de sa course en arrière buttera contre le collier que porte la tige M et déplacera le tiroir ; les mêmes effets se produiront ainsi à chaque course du piston. Si le piston, par suite de résistances accidentelles que le pic peut rencontrer dans la houille, ne parcourt pas sa course complète dans un sens ou dans l'autre, la pièce P continue sa course et vient, en vertu de sa vitesse acquise, butter contre un des taquets de la tige M et déplace le tiroir pour l'admission en sens inverse. Cette disposition fort simple et récemment introduite dans la machine a pour but de la rendre automatique. Quand la machine fonctionne on entend très-distinctement, à chaque course du piston, un petit coup sec ; c'est précisément le mouvement de la pièce P qui se manifeste par ce bruit : précédemment l'ouvrier déterminait au moyen d'une pédale les mouvements du tiroir.

L'ensemble de cette machine est porté sur un charriot muni de quatre roues à boudins ; ce charriot se prolonge en arrière en une plate-forme en fonte T, des-

tinée à recevoir l'ouvrier qui conduit la machine ; cette plate-forme est soutenue à l'arrière par une autre paire de roues. Une manivelle à volant R commande un système de roues d'engrenage coniques V, W, qui fait mouvoir la
machine le long des rails de la galerie.

La manœuvre de cette machine est facile à concevoir : l'ouvrier accroupi sur
la plate-forme T, tourne la roue m de façon à amener le pic dans la direction où
il veut le faire travailler; il ouvre alors le robinet d'admission de l'air comprimé
et manœuvre à la main le levier S, jusqu'à ce que, l'admission ayant lieu, le piston se mette en mouvement ; à partir de ce moment il n'a plus qu'à donner à la
machine au moyen de la roue R le mouvement d'avancement, suivant le travail
du pic; l'air au sortir du cylindre s'échappe librement dans la galerie.

Les résultats donnés par cette machine ont été les suivants : à la houillère dite
High Royd, dans un charbon très-dur et dans une galerie où les rails étaient en
mauvais état, la machine a fait en moyenne, en une heure, une entaille de 8^m,20
à 9^m,15 de long sur 0^m,90 à 1^m,00 de profondeur, y compris les temps d'arrêt;
le sillon creusé par le pic a 0^m,050 d'épaisseur au front de taille et 0^m,037 au
fond : il va en se rétrécissant. Le travail précédemment indiqué a été fait sous
une pression de 2 à 2 1/2 atmosphères, le pic donnant 70 à 80 coups par minute.
On voit que dans un poste de 10 heures la machine ferait une longueur de 81^{m}90
à 91^m,40 d'entaille toujours sur une profondeur de 0^m,90, qui est celle du travail
normal du pic et en enlevant une épaisseur de charbon qui varie de 0^m,050
à 0^m,037 ; dans un même temps et dans la même mine, un ouvrier mineur ne
faisait que 3^m,60 à 4^m,50 d'entaille.

Dans une mine (Oaks colliery) de charbon moins dur que le précédent et sur
des rails solidement établis, la machine de MM. Jones et Levick a donné les résultats suivants : elle a fait par heure, le pic travaillant toujours sur la même
profondeur et enlevant la même épaisseur de houille, elle a fait 12^m,80 à 13^m,70
d'entaille en frappant 60 à 70 coups par minute et avec de l'air comprimé à une
pression de 2 1/2 atmosphères. En prenant le rapport des chiffres indiqués ci-
dessus on voit que la machine fait près de 20 fois plus de travail que le mineur,
c'est-à-dire que l'ouvrier qui conduit une semblable machine accomplit le travail que 20 mineurs feraient avec leurs bras.

Il importe de faire cette remarque que les machines à couper la houille
diminuent beaucoup le déchet de charbon, car le mineur est obligé d'en enlever
une bien plus grande épaisseur, par suite même de la manière dont il travaille.

La machine de MM. Jones et Levick peut travailler, on l'a vu, dans toutes les
directions voulues, c'est-à-dire qu'après avoir fait des havages suivant l'inclinaison de la galerie, elle peut faire des entailles verticales pour isoler complète-
ment sur cinq faces le bloc de houille à abattre. Cette machine fonctionne dans
plusieurs mines en Angleterre; elle va être introduite dans les charbonnages
d'Anzin; elle travaille également dans des minerais de fer ; en général elle peut
être appliquée à l'abattage de toute roche susceptible d'être entamée par le pic.

Des expériences faites sur ces machines pendant leur travail ont établi qu'elles
absorbaient par minute 9^{m3},276 d'air à la pression de 2^{at},10; elles donnaient
alors 98 coups par minute, ce qui représente une dépense d'air correspondant à la
force de 3 chevaux.

Pour fournir à ces machines l'air nécessaire à leur marche MM. Jones et Levick
ont construit une machine à comprimer l'air d'une grande simplicité (pl. XXVIII,
fig. 4). Le cylindre à vapeur A et la pompe à air B sont fixés horizontalement
sur le même bâti et en prolongement l'un de l'autre; les pistons C, D, de ces
deux cylindres, sont fixés sur la même tige E; aux deux extrémités du cylindre
B sont placées les soupapes M qui prennent l'air dans l'atmosphère et les soupa-

pes N qui envoient l'air comprimé dans le tuyau P; de ce tuyau l'air se rend soit dans un réservoir, soit directement dans les machines à couper la houille. Ces soupapes sont en fonte et reposent par leurs bords sur des rondelles de caoutchouc. Le cylindre B est muni d'une double enveloppe F, F, dans laquelle on tient de l'eau ; cette eau a pour effet d'empêcher l'échauffement du cylindre B et de l'air qu'il renferme ; on sait, en effet, que la température de l'air augmente proportionnellement à la pression, à mesure qu'on le comprime.

La distribution de la vapeur a lieu de la façon suivante : une tige H H' pénètre à travers des boîtes à étoupes dans le fond de chacun des cylindres A, B, et fait toujours saillie soit dans l'un soit dans l'autre de ces cylindres ; elle est reliée à un levier G muni d'une poignée g qui a son point fixe en O ; un taquet que porte ce levier s'engage dans la coulisse qui termine la tige R du tiroir ; entre le tiroir et le levier G, se trouve un petit cylindre à vapeur S, dont la distribution est commandée par la bavre I articulée au levier G. Le tiroir de ce petit cylindre S a une avance sur celui du grand cylindre A. L'autre extrémité de la tige R porte deux taquets J, J', qui limitent la course du tiroir en venant butter alternativement à chaque course contre la pièce K garnie de rondelles de caoutchouc. Un levier placé dans la boîte L soutient le tiroir et diminue le frottement qu'il exerce contre sa table.

Quand on veut faire marcher la machine, on appuie dans un sens ou dans l'autre sur la manivelle du levier G ; alors, en considérant la machine dans la position indiquée par la fig. 4, le piston C en arrivant à l'extrémité de sa course viendra butter contre l'extrémité H de la tige H H'; le levier G tournera autour du point O, et par l'intermédiaire du bouton et de la coulisse qui termine la tige, R, il déplacera le tiroir à vapeur. Le piston du petit cylindre S a pour effet d'éviter le choc des grands pistons contre les têtes de la tige H H' et de commander le déplacement du tiroir du grand cylindre ; c'est pour cela qu'il a une légère avance sur ce dernier ; dans le cas où le piston du cylindre S manquerait de déplacer le tiroir du grand cylindre, le bouton du levier G venant butter contre le fond de la coulisse de la tige R, commande directement le tiroir et le met dans une position telle que la machine s'arrête immédiatement. Il résulte de là que dans la marche normale de la machine c'est le cylindre S qui commande la distribution, et que le bouton du levier G ne doit jamais venir butter contre le fond de la coulisse de la tige R ; on évite par cette disposition de transmettre directement au tiroir les chocs exercés par les pistons C et D contre les têtes de la tige H H'.

Il n'y a rien de particulier à dire de la pompe à air B : elle fonctionne comme toutes les machines de ce genre. L'air comprimé est transmis aux machines à couper la houille par des tubes de caoutchouc : pour traverser les puits on peut employer des tubes métalliques avec joints hermétiques.

La machine à comprimer l'air de MM. Jones et Levick est, on le voit, d'une extrême simplicité ; elle est peu pesante et son prix est relativement peu élevé ; sa manœuvre est facile, et son entretien, dans ces conditions, ne saurait être coûteux.

MATÉRIEL ET PROCÉDÉS

DE

L'EXPLOITATION DES MINES

Par M. ÉMILE SOULIÉ,

Ingénieur civil, Ancien Élève de l'École des Mines,

et M. Alfred LACOUR,

Ingénieur civil, ancien Élève de l'École polytechnique et de l'École des Mines,

(Pl. CXVIII et CXIX.)

AÉRAGE.

Nous avons déjà dit que le but de l'aérage est de créer des courants d'air artificiels ou d'augmenter les courants naturels afin de renouveler l'air des galeries souterraines et d'entraîner au dehors tous les gaz irrespirables, c'est-à-dire : l'air déjà vicié par la respiration des ouvriers, par la combustion des lampes, par l'explosion des coups de mines ou par d'autres causes secondaires, ainsi que les carbures d'hydrogène, l'acide carbonique, l'azote et certains gaz ou vapeurs qui, dans les mines métalliques, proviennent de la décomposition de substances minérales telles que les pyrites. La création de l'aérage artificiel dans les cas où l'aérage naturel est insuffisant, est motivé par la double nécessité de donner aux ouvriers de l'air respirable et aux lampes de l'air propre à entretenir leur combustion, ce qui est exactement la même chose, et aussi peut-on dire, et surtout, d'entraîner les gaz délétères tels que le grisou, qui, se dégageant spontanément en grande abondance dans de certains travaux, forment avec l'air un mélange détonnant qui fait explosion au contact du premier corps enflammé qui se présente.

Dans les galeries où l'on n'a pas à craindre ces dégagements, c'est-à-dire dans les mines métalliques et dans certaines mines de houille, on détermine la ventilation au moyen de *foyers d'aérage.*

On dispose une grille dans une galerie horizontale qui vient déboucher au moyen d'un carneau incliné dans le puits d'aérage situé à proximité de ce foyer. On ne fait en général passer sur la grille que la quantité d'air nécessaire à la combustion du charbon placé sur cette grille en cherchant autant que possible à ne produire par cette combustion que de l'acide carbonique et pas d'*oxyde de carbone* ; dans les mines à grisou aérées par ce procédé, on a soin de ne faire passer sur la grille que de l'air provenant des parties saines de la mine; une augmentation de 12° à 15° suffit pour déterminer le déplacement des couches d'air nécessaire pour l'aérage; au delà de 45° (au maximum) le foyer consommerait trop de combustible et on a recours alors aux machines. Souvent on fait arriver sur les grilles de l'air provenant directement du jour.

Les foyers d'aérage sont quelquefois disposés à la base de puits qui servent uniquement à donner passage à l'air qui monte des travaux. Quand on veut que le même puits serve à l'aérage et à l'exploitation, c'est-à-dire par conséquent à la descente et à la montée des ouvriers, on a soin de le diviser en deux compartiments : le grand sert à l'exploitation, le plus petit donne issue à l'air des travaux.

Dans d'autres circonstances (à Seraing, par exemple) on a surmonté les puits d'appel d'air d'une haute cheminée et à la base de cette cheminée on a installé un foyer dans une chambre close; l'air venant des travaux passe dans cette chambre close et au contact des parois du foyer il s'échauffe et monte.

Les procédés d'aérage au moyen de foyers sont d'un emploi très-dangereux dans les mines de houille à grisou et doivent autant que possible en être proscrits; mais au point de vue de l'économie ils sont toujours très-avantageux dans les mines de houille quand les circonstances locales en permettent l'emploi, car ils donnent le moyen de brûler utilement des menus qui seraient sans débouché et en outre ils suppriment tous les chômages inséparables de l'emploi des machines.

M. Lehaître, qui a entrepris, avec MM. de Mondesir et Julienne, la ventilation du Palais de l'Exposition, a proposé un système de ventilation pour les mines, dont les points principaux peuvent se résumer ainsi, d'après la communication qu'il en a faite récemment à la Société des ingénieurs civils. On conserverait toujours deux puits pour l'aérage, l'un servirait à l'entrée de l'air pur, l'autre à la sortie de l'air vicié et des gaz formés dans les galeries. Un tube en fer, d'un diamètre variable suivant l'importance des travaux à aérer, partirait du sommet du puits d'entrée, descendrait jusqu'aux galeries les plus importantes, irait aux fronts de taille et reviendrait, par d'autres galeries, jusqu'au puits de sortie où il se terminerait par un jet à l'orifice supérieur de ce puits. Sur cette conduite principale se brancheraient d'autres conduites de plus petit diamètre, dans les galeries secondaires. Dans le puits d'entrée de l'air, une tubulure branchée sur la conduite dirigerait un jet dans l'axe du puits, de haut en bas suivant sa profondeur, de telle sorte qu'il suffirait de faire varier la pression ou le diamètre de l'orifice de sortie de l'air pour produire une vitesse proportionnée au diamètre du puits d'entrée.

Dans les puits où il y a des pertes de charge exceptionnelles dues à des frottements accidentels, à des anfractuosités des galeries, etc., on placerait des jets supplémentaires pour les surmonter, ainsi que devant les fronts de taille et dans tous les chantiers d'abattage; on établirait aussi des jets supplémentaires d'air comprimé dans la galerie qui conduit au puits de sortie de l'air; enfin un dernier jet serait lancé dans le puits de sortie lui-même et dans le sens de la sortie, afin de faciliter l'évacuation de l'air soit par entraînement, soit par diffusion. Une machine à vapeur située à l'orifice du puits d'entrée actionnerait une pompe de compression qui refoulerait l'air dans toute la longueur des conduites à une pression calculée suivant l'importance des travaux à aérer, c'est-à-dire suivant la quantité d'air comprimé qu'on devrait employer pour maintenir la pression constante dans toute la longueur des conduites.

M. Lehaître pense que par le système qu'il propose on obtiendra probablement avec une force moindre, les mêmes résultats qu'avec les ventilateurs les mieux établis; il observe que cette ventilation est produite dans le même sens que la ventilation naturelle qui provient de la différence de température de l'air entre les deux puits; en outre, en cas d'éboulement, on pourrait, pense-t-il, envoyer par les conduites de ventilation de l'air aux ouvriers qui se trouveraient bloqués par les décombres; on pourrait aussi communiquer avec eux par les tuyaux de conduite comme par un tuyau d'acoustique et leur envoyer même, au besoin, par cette conduite des liquides réconfortants.

La dépense nécessaire pour produire la ventilation par ce système ne serait pas supérieure, pense M. Lehaître, à celle occasionnée par les ventilateurs; la dépense d'installation seule serait plus grande. Pour introduire 4 mètres cubes d'air par seconde dans les galeries, par un puits de 4^{m2}, c'est-à-dire de $2^{m}25$ de diamètre, il faudrait une force de 1, 3/4 cheval-vapeur ou $4^{k}37$ de charbon par heure. Si on triple cette force pour tenir compte des pertes de charges dues aux frottements, aux jets supplémentaires, etc., on voit qu'avec une force de 5 à 6 chevaux vapeur, c'est-à-dire avec une consommation de $12^{k},50$ à 15 kilogrammes de charbon par heure, on pourrait aérer complétement les galeries d'une mine.

Dans les mines où il y a plusieurs étages de galeries, il faudrait établir un système de conduites d'air comprimé pour chaque étage; il va sans dire qu'il faudrait alors donner à la maîtresse conduite du puits d'entrée un diamètre calculé en conséquence; on donnerait aussi un diamètre plus grand au premier jet moteur du puits d'entrée, afin de faire entrer dans ce puits le volume d'air nécessaire à l'aérage de tous les étages de galeries.

Ventilateurs.

Lorsque les galeries d'une mine sont étroites ou que l'air appelé aurait à traverser des remblais considérables, en général dans les circonstances où il faudrait produire une dépression manométrique considérable pour créer un courant d'air suffisant, ou bien dans les mines sujettes à de fréquents dégagements de grisou, on remplace les foyers d'aérage par des moyens de ventilation mécaniques. On emploie parfois dans ce but des machines pneumatiques aspirantes mues par un piston à vapeur, ou bien encore des machines aspirantes à cloches comme celles usitées dans le Hartz. Ces machines ont un inconvénient général : c'est que les clapets, qui font nécessairement partie de ces appareils, absorbent une force considérable quand il s'agit de produire des dépressions manométriques de quelques centimètres seulement, comme c'est le cas pour l'aérage de la plupart des mines. Les ventilateurs mécaniques proprement dits sont nombreux; ils sont représentés en assez grand nombre à l'Exposition par des modèles qui permettent d'en bien saisir la disposition. Nous allons les passer rapidement en revue sans nous y arrêter longuement, car presque tous sont connus depuis longtemps déjà, et les modèles exposés ne présentent pas de modifications bien saillantes aux types connus et pour ainsi dire classiques.

Nous rencontrons d'abord, dans la section française, un modèle de *ventilateur Fabry*, tel qu'il a été établi à la fosse Bayard, à Denain.

Ce ventilateur est composé de deux arbres parallèles reposant sur des coussinets portés par deux bajoyers verticaux en bois; chacun de ces arbres porte trois bras à 120° l'un de l'autre; en travers de ces bras, et à une distance égale du centre, sont fixées des palettes d'égale largeur, qui portent chacune à leur deux extrémités deux arcs en bois ayant le profil des dents d'un engrenage épicycloïdal. Dans le mouvement simultané mais en sens contraire des deux arbres, il y a toujours deux arcs en contact, comme deux véritables dents d'engrenage; les deux bajoyers verticaux et le coursier en maçonnerie de chaque roue emboîtent complétement l'appareil; le bas des coursiers communique avec la galerie d'aérage : il résulte de cette disposition que quand deux dents sont en contact il n'y a pas de communication entre les galeries souterraines et l'atmosphère.

Le mouvement des roues pouvant avoir lieu dans deux sens, on comprend que l'on peut à volonté aspirer l'air des travaux ou refouler de l'air atmosphérique dans la mine. Le mouvement est transmis aux deux roues par une machine à vapeur, soit au moyen d'engrenages, soit directement par des bielles, suivant les circonstances locales.

Un ventilateur de ce système ayant $2^m.00$ de largeur (dans le sens de la longueur des arbres des deux roues), dont les palettes sont fixées à une distance de $1^m.00$ de l'arbre, en faisant 30 tours par minute, extraira de 22 à 30 mètres cubes d'air par minute. On peut estimer à environ 25 chevaux la force nécessaire pour extraire 20^{m3} d'air avec cet appareil ; toutefois ces chiffres n'ont rien d'absolu, les résultats donnés par chaque ventilateur dépendant de la disposition des galeries souterraines, de leur étendue et de leur dimension.

Le ventilateur Fabry est en usage en France et Belgique depuis très-longtemps ; son installation n'est pas difficile, son entretien est peu considérable, la force qu'il absorbe pour sa mise en mouvement est relativement faible ; aussi est-il passé depuis quinze ans dans la pratique générale.

Le *ventilateur Lemielle*, que nous rencontrons dans la section française de l'Exposition, se compose en principe d'un tambour hexagonal en tôle porté par un arbre qui, dans l'intérieur du tambour, est deux fois coudé, de façon à former dans l'intérieur de ce tambour une manivelle ou plutôt un arbre excentré ; des palettes courbes en tôle sont articulées sur le tambour, suivant les génératrices des sommets des angles de l'hexagone ; de l'autre côté elles sont reliées à des bielles articulées sur l'arbre excentré et qui passent à travers des ouvertures ménagées dans la tôle du tambour. L'appareil est disposé à l'orifice d'un puits avec son arbre horizontal dans une cavité à section rectangulaire qu'il remplit complétement ; on le fait tourner de façon à ce que les palettes viennent successivement se déployer pendant le mouvement de rotation et par suite, en passant devant l'orifice du puits, aspirer l'air qu'il contient. En changeant le sens de la courbure des palettes et en faisant marcher l'appareil en sens contraire, il refoulera de l'air atmosphérique dans le puits.

On peut avec cet appareil produire des dépressions manométriques de $0^m.06$ à $0^m.07$ d'eau.

Le modèle qui figure à l'Exposition représente à l'échelle de 1/10 le ventilateur qui est installé à l'un des puits des mines d'Anzin. Dans cette disposition. l'arbre du ventilateur est vertical ; l'appareil est disposé dans une chambre à section circulaire fermée par le haut et par le bas, et placée à l'entrée de la galerie d'appel ; les palettes en se déployant autour de l'arbre viennent chacune successivement passer devant l'orifice de la galerie, puis elles rasent la surface intérieure de la chambre et envoient l'air qu'elles ont aspiré dans une cheminée circulaire placée tout à côté de la chambre du ventilateur et communiquant avec elle par une porte.

Cette disposition a pour objet de ne pas encombrer l'orifice du puits ; elle doit en outre, ce semble, diminuer dans une certaine mesure les pertes qui, pour cet appareil comme pour le précédent, résultent de la rentrée de l'air par le jeu des pièces.

La section belge de l'Exposition renferme un certain nombre de ventilateurs d'une construction très-simple ; nous regrettons de n'avoir pas pu recueillir sur la plupart de ces appareils des renseignements aussi complets que nous l'eussions désiré.

Le ventilateur de M. Guibal, de Mons, est l'un de ceux qui sont le plus répandus. Un modèle de cet appareil exposé dans la section française représente le ventilateur Guibal tel qu'il est appliqué à la fosse Thiers, à Saint-Saulve, et le dessin complet de ce système de ventilateur figure dans la section belge.

Que l'on imagine deux triangles équilatéraux formés par des fers à cornière se coupant de façon à former un hexagone régulier et reliés par des bras à l'arbre du ventilateur; que l'on suppose deux systèmes de support semblables, un vers chaque extrémité de l'axe, que sur le prolongement de chacun des côtés des deux triangles on fixe des palettes en bois de façon à ce qu'il y en ait une à chaque sommet de l'hexagone et qu'elles soient toutes dirigées dans un même sens de rotation, on aura une idée de cet appareil très-simple qui offre comme aspect général quelque analogie avec une roue de bateau à aubes. Au lieu de deux triangles se coupant on peut en imaginer trois, on aura alors trois palettes de plus, c'est-à-dire 9 au lieu de 6.

M. Guibal construit des ventilateurs de ce type de toutes dimensions, depuis les petits appareils qui déplacent 20 mètres cubes d'air par seconde jusqu'aux grands ventilateurs qui en déplacent 100 mètres cubes. Il a exposé un ventilateur de petit modèle qui offre cet avantage précieux que, par l'intermédiaire de roues d'engrenage fort bien calculées, le moindre déplacement qu'on imprime à la manivelle correspond à une vitesse de rotation très-grande des ailettes.

Ce même ventilateur, grand modèle, lorsqu'il est employé à l'aérage des mines, est logé dans une chambre en maçonnerie ayant un pourtour circulaire, de manière que les palettes du ventilateur viennent presque raser cette surface, sauf dans les parties où aboutissent la galerie qui amène l'air des travaux et la cheminée ou la galerie qui donne issue à cet air. La machine à vapeur qui donne le mouvement au ventilateur est placée dans une chambre située tout à côté de celle du ventilateur.

M. Guibal annonce, d'après ses nombreuses expériences, qu'un ventilateur de son système ayant 9 mètres de diamètre et 4 mètres de longueur, peut extraire 100 mètres cubes d'air par seconde dans les conditions suivantes :

Sous une pression de :	$0^m.030$	$0^m.053$	$0^m.079$	$0^m.110$
Le ventilateur fera par minute ce nombre de tours..........	40	50	30	70
Cela correspond à une force dépensée par la machine motrice de chevaux vapeur..........	64	100	143	200
L'effet utile rapporté au travail de la vapeur dans le cylindre de la machine motrice sera de....	0.80	0.78	0.76	0.74

Ces chiffres indiquent, comme on le voit, un effet utile considérable. L'appareil de M. Guibal est d'ailleurs simple et son installation n'offre pas de difficultés; lorsqu'il s'agit d'établir un ventilateur de grandes dimensions, la dépense devient assez considérable à cause des constructions nécessaires pour le loger, lui et la machine motrice.

Ce ventilateur peut agir par aspiration ou par refoulement, mais le plus généralement il est aspirant.

Nous rappellerons ici cette règle générale pour tous les ventilateurs à force centrifuge, c'est qu'ils travaillent dans des conditions d'autant meilleures que leur vitesse n'est pas trop considérable.

Nous devons réparer une omission en mentionnant ici le petit appareil fort ingénieux que M. Guibal a imaginé pour l'abattage des roches et principalement de la houille, sans avoir recours à l'emploi de la poudre, et auquel il donne le nom de *canne d'abattage*. Il consiste simplement en un tube en cuivre au bout duquel on adapte un petit sac en caoutchouc ; on loge ce petit sac dans le trou de mine une fois percé et on bourre : on fait arriver de l'eau dans le sac par le tube creux en cuivre ; dans l'intérieur du tube pénètre une tige qui permet d'augmenter par l'intermédiaire de l'eau le volume du sac dont les parois sont élastiques ; sous cette pression l'eau fait éclater la roche ; on vide alors le sac au moyen d'un robinet et on l'enlève. Le même appareil peut servir toujours. On comprend du reste les avantages qui résultent de la suppression de l'emploi de la poudre, et on ne saurait trop recommander l'emploi de ce petit appareil dont le prix n'est pas élevé et dont l'usage est économique.

M. Labarre (Belgique) expose un ventilateur aspirant ; c'est encore un ventilateur à force centrifuge. Les ailettes sont planes ; elles sont complétement enfermées dans une enveloppe à section circulaire qui aboutit à un conduit horizontal situé dans le bas de l'appareil. L'air n'entre plus dans le ventilateur, par le centre, autour de l'arbre, comme cela a lieu dans le petit modèle exposé par M. Guibal ; il pénètre entre les ailettes par des ouvertures obliques qui sont pratiquées dans le pourtour de l'enveloppe cylindrique du ventilateur du côté opposé à la conduite qui donne issue à l'air : cela constitue une espèce de persienne courbe. Ce nouveau ventilateur est indiqué comme donnant plus de vent avec moins de vitesse : on est porté à le croire en observant sa construction ; les ailettes en passant dans leur mouvement de rotation directement devant les orifices d'introduction de l'air et en rasant le contour de l'enveloppe du ventilateur, font le vide derrière elles et doivent par suite faire un appel d'air direct et énergique. On conçoit que, dans les systèmes où l'introduction de l'air se fait par le centre de l'appareil, l'appel d'air étant beaucoup moins direct est nécessairement moins efficace et nécessite une vitesse de rotation plus grande de l'appareil pour arriver à produire un même résultat dans un temps donné. Aussi dans le modèle, d'une simplicité remarquable, qu'il expose, M. Labarre a-t-il supprimé toute espèce d'engrenages : la poulie qui reçoit la courroie est calée directement sur l'arbre du ventilateur sans aucun intermédiaire. Ce ventilateur, quoique spécialement destiné aux usines, pourra être employé accidentellement dans les mines avec avantage.

Le ventilateur de M. J. Evrard (de Mons) est à la fois aspirant et soufflant : il peut être employé pour la ventilation des mines aussi bien que pour le service des usines. Ce n'est point, à proprement parler, un ventilateur à force centrifuge : il serait plus exact de le classer avec le ventilateur Fabry. Bien qu'il soit difficile d'en faire comprendre la disposition sans figure, nous essayerons de décrire au moins ses traits principaux. Il se compose de deux cylindres en bois de même diamètre : L'un de ces cylindres porte quatre palettes saillantes coupant sa surface suivant quatre génératrices aux extrémités de deux diamètres rectangulaires. L'autre cylindre porte deux renfoncements diamétralement opposés et dont la surface est telle que, quand les deux cylindres tournent en sens contraire, chacune des palettes du premier vient raser la surface intérieure de chacun des renfoncements du second. Une caisse en bois enveloppe les deux cylindres dans leur partie inférieure jusqu'à la hauteur de leurs arbres, et cette caisse se prolonge concentriquement au cylindre à palettes, de façon à former une conduite circulaire dans laquelle les palettes se meuvent. La conduite de sortie est placée horizontalement au-dessous des cylindres ; elle est munie d'une vanne qui permet de faire varier à volonté sa section. Les deux cylindres sont reliés par des roues d'engrenage. Quand le cylindre qui porte les palettes tourne de gauche à droite, ces dernières font le vide derrière elles dans la conduite circulaire, l'air est aspiré et sort par la conduite horizontale; quand au contraire ce cylindre tourne de droite à gauche, l'orifice garni de la vanne devient l'orifice d'aspiration et la sortie de l'air se fait par la conduite circulaire; les deux cylindres avec leurs palettes ou leurs renfoncements n'ont d'autre but que de produire un déplacement de l'air dans la conduite sans lui donner eux-mêmes issue au dehors.

Les deux cylindres (palettes non comprises) ont environ 0^m.60 de diamètre et 1^m.10 de longueur. C'est, comme on le voit, un appareil de dimensions assez restreintes et peu encombrant.

Dans la section prussienne nous avons remarqué trois ventilateurs différents par les détails de leur construction, mais tous peu volumineux. Ce sont ceux fabriqués dans l'usine de Bochum (Westphalie), ceux de M. Schiele et Cie, et enfin celui construit par M. Dinnendahl et qui, d'après les expériences faites à Essen (Prusse rhénane) par le tribunal royal des mines, fournit de 10^{m3}.950 d'air pour 30 tours que fait la manivelle et 22^{m3}.530 pour 60 tours de la manivelle; ce dernier ventilateur paraît être assez répandu dans les mines d'Allemagne. Tous ces appareils, en modifiant leurs dimensions, peuvent être utilisés pour le service des usines; ils sont remarquables par la très-petite largeur des ailettes et de la boîte métallique qui les enveloppe. Ils doivent être d'un usage commode lorsqu'il s'agit d'envoyer *momentanément* de l'air au fond d'une galerie.

—

Les machines à vapeur destinées spécialement à faire mouvoir les ventilateurs ne sont pas nombreuses à l'Exposition; nous n'en avons vu qu'une que nous citerons comme type : c'est celle exposée par M. L. A. Quillac (d'Anzin). La machine à vapeur qui met en mouvement la classe 47 de la section française n'est autre chose en effet que la réunion de deux machines de ventilateurs pour mines que M. Quillac a reliées à un même arbre moteur M, avec un volant V au milieu de l'arbre, en calant les deux manivelles à 90° l'une de l'autre. Les figures de la planche CXVIII indiquent la disposition générale de cette machine. Le cylindre est vertical; il n'a pas de double enveloppe; l'arbre du volant est placé au-dessus. La machine est à détente fixe produite par un seul tiroir à recouvrement. L'admission de la vapeur se fait en A, l'échappement en E; le piston a 0^m.500 de diamètre et 0^m.500 de course. A raison de 60 révolutions à la minute, ces deux machines accouplées sur le même arbre peuvent donner 80 chevaux de force. On voit par les dessins qu'elles présentent une grande simplicité d'organes; les deux bâtis en fonte NN qui les supportent sont eux-mêmes fort simples, en sorte que la machine occupe très-peu de place; ces deux bâtis sont reliés entre eux par une plaque de fondation générale en fonte T et vers leur milieu par deux entretoises en fer PP. Chacune de ces machines est susceptible de produire dans des conditions tout à fait normales une force de 40 chevaux, suffisante pour mettre en mouvement les ventilateurs les plus considérables. Cette simplicité remarquable d'organes et de mouvement que nous avons signalée se traduit par un résultat bien digne de considération: c'est qu'elle permet au constructeur de fournir de semblables machines pour le prix fort modique de dix mille francs l'une, ce qui, dans les conditions énoncées ci-dessus, fait ressortir la force de cheval à 250 francs (sans la chaudière). Il n'est que juste de faire remarquer que toutes les machines exposées par M. Quillac s'imposent à l'attention du public par leur bon marché tout à fait exceptionnel en même temps que par leur bonne construction.

Quand elles sont employées à faire mouvoir des ventilateurs, ces machines commandent directement l'arbre du ventilateur qui remplace alors celui du volant V, dans la disposition indiquée ci-dessus. Il va sans dire qu'on n'applique des machines de cette force qu'aux ventilateurs de grandes dimensions, tels que ceux du système Fabry, Lemielle ou Guibal, par exemple.

Éclairage.

Les diverses modifications apportées à la lampe de Davy ont eu pour but, soit d'augmenter son pouvoir éclairant, soit d'empêcher que les ouvriers puissent l'ouvrir dans les galeries souterraines, considération fort importante dans les mines de houille sujettes au dégagement de grisou.

Comme moyen d'augmenter le pouvoir éclairant des lampes de sûreté, la plupart des constructeurs ont remplacé la toile métallique par une enveloppe de verre ou de cristal dans la partie inférieure de la lampe, au niveau de la flamme.

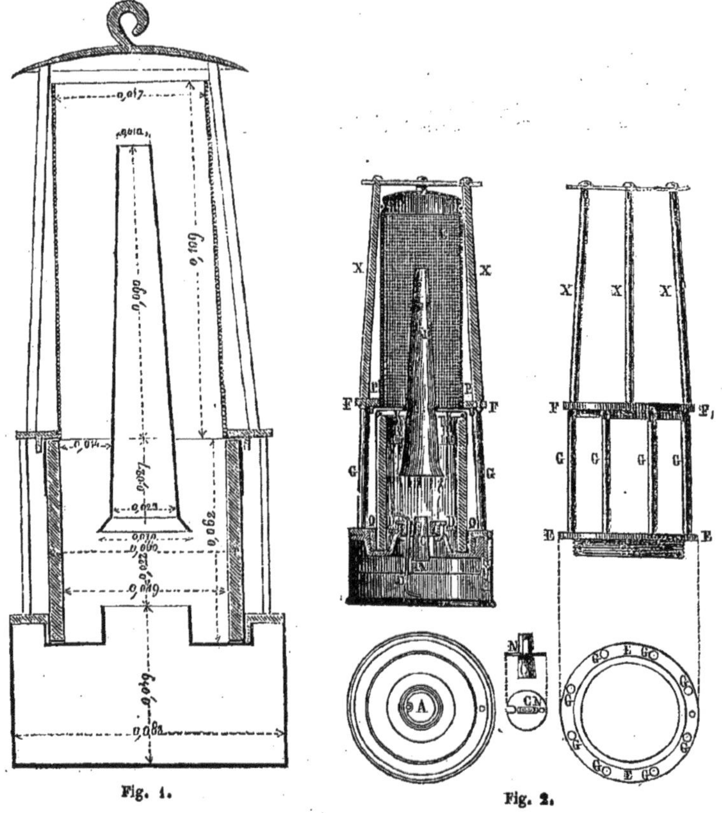

Fig. 1.　　　　　Fig. 2.

Légende des fig. 1, 2 et 3. A, réservoir; B, crochet pour moucher la lampe; CN, porte-mèche; DEFG PQRX, viroles et armatures; H, enveloppe de verre; I, cheminée en tôle; L, tube métallique. — La fig. 1 indique les dimensions (réglementaires en Belgique) de la lampe Mueseler.

Ces enveloppes de verre ou de cristal, quand elles ont été recuites, résistent très-bien aux différences de température et même à la projection de l'eau quand la lampe est chaude. Cette disposition fut adoptée d'abord par M. Mueseler.

M. Dumesnil, dans sa lampe, a complétement supprimé la toile métallique : le bas de la lampe est en verre; le haut est formé d'une cheminée métallique; le réservoir d'huile est extérieur au lieu d'être intérieur. Dans la lampe Mueseler, figures 1, 2, 3, l'air nécessaire à la combustion arrive par le haut, le long des parois intérieures de la toile métallique, et les gaz résultant de la combustion s'échappent par une cheminée centrale. M. Boty a eu l'idée d'obvier à cet inconvénient de l'entrée de l'air par le haut de la lampe en perçant de petits trous à la base du cylindre de verre ou de cristal qui entoure la flamme. M. Roberts avait cherché à éviter que la flamme pût passer à travers la toile métallique, par suite de l'agitation de l'air, en entourant la toile métallique sur les deux tiers de sa hauteur, à partir du bas de la lampe, par un tube de verre; l'air nécessaire à la combustion arrivait au niveau de la flamme par des orifices ménagés dans la virole inférieure qui porte le verre. Ce modèle peu éclairant, puisqu'il conservait toujours la toile métallique au bas de la lampe, s'est peu répandu.

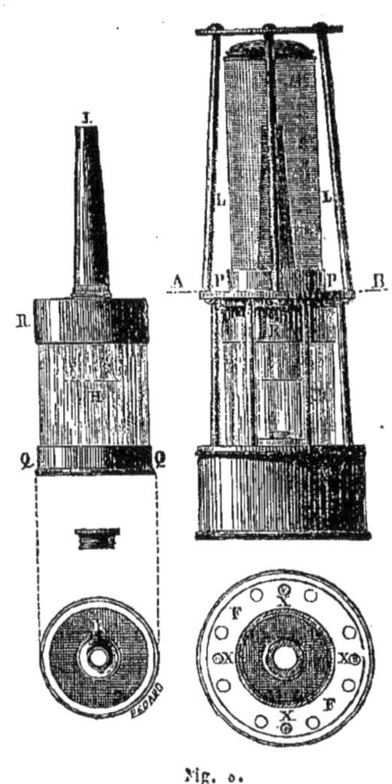

Fig. 5.

M. Cosset-Dubrulle (de Lille) a exposé dans la section française différents types de lampes. Un modèle fort simple, et qui n'est point une lampe de sûreté, consiste en une lampe sans verre ni toile métallique, soudée, suivant un diamètre du réservoir, sur une barre de fer terminée d'un côté par un bouton qui permet de la saisir commodément et de l'autre par une pointe au moyen de laquelle on peut la fixer dans les parois des galeries ou dans les montants des cadres de boisage.

Comme lampe de sûreté, ce même constructeur expose des lampes avec toile métallique sur toute leur hauteur; dans d'autres modèles nous retrouvons à la base l'enveloppe de cristal; dans cette dernière, au-dessus de la flamme, se trouve une cheminée qui donne issue aux produits de la combustion ; pas d'orifices d'admission de l'air : l'air s'introduit le long de la paroi intérieure de la toile métallique. Le constructeur dit que cette lampe brûle 80 grammes d'huile en 14 heures, avec un pouvoir éclairant double de celui de la lampe de Davy. Les lampes d'accrochage exposées par M. Cosset Dubrulle ne diffèrent de la précédente que par leurs dimensions, qui sont plus considérables. Leur consommation d'huile est indiquée à 0fr.18 par 20 heures.

Ces lampes sont munies, à volonté, d'un mécanisme qui empêche de les ouvrir sans qu'elles s'éteignent. L'allongement de la mèche a lieu en tournant un bouton qui se trouve au-dessous du réservoir de la lampe, dans son axe.

M. Olanier (de Saint-Étienne) expose aussi une lampe munie d'un système de fermeture tel que dès qu'on cherche à dévisser le réservoir d'huile, des taquets convenablement disposés font abattre sur la mèche un éteignoir qui supprime la flamme.

M. Hembach (Autriche) a exposé une lampe de sûreté qui présente une disposition assez caractéristique. La partie supérieure de la lampe est entourée complétement d'une toile métallique qui est reliée par une virole à une enveloppe de verre au niveau de la flamme; des barreaux partant de cette première virole vont rejoindre la virole inférieure afin de protéger le verre; cette virole inférieure est percée d'ouvertures circulaires pour donner accès à l'air; ces ouvertures sont garnies de toiles métalliques; en outre, le montage de la mèche se commande du dehors au moyen d'un bouton. Le réservoir de la lampe est en fer blanc; la fermeture est formée d'un simple pas de vis, mais une petite crémaillère circulaire faisant corps avec la virole inférieure du verre engrène avec une petite roue dentée conique calée sur l'arbre qui sert à monter la mèche; en dévissant le réservoir pour ouvrir la lampe, la crémaillère fait tourner la roue dentée, laquelle enfonce la mèche et la fait rentrer dans le réservoir. Cette disposition ingénieuse est d'une excessive simplicité.

M. Arnould, ingénieur des mines à Mons, a exposé un grand nombre de lampes de sûreté munies de différents systèmes de fermeture. L'un de ces systèmes consiste simplement en un clou muni, à l'extrémité opposée à sa tête, d'un œillet qui traverse le bord du réservoir de la lampe et le bord de la virole inférieure de l'enveloppe de verre : une fois ces deux viroles vissées l'une sur l'autre, on passe le clou dans le trou et on introduit dans l'œillet un morceau de fil de plomb que l'on aplatit avec un timbre. L'ouvrier ne peut plus ouvrir sa lampe sans détruire le fil de plomb : c'est là un moyen de contrôle, mais non pas un préservatif contre l'imprudence des ouvriers. M. Arnould expose aussi des lampes munies d'une serrure fermant avec clé. Dans d'autres modèles du même ingénieur, l'ouverture ne peut avoir lieu qu'en appuyant un certain point de la lampe sur un fort aimant qui fait alors mouvoir par son attraction une goupille intérieure en fer et permet au pas de vis de tourner. L'aimant est placé dans le dépôt des lampes, au jour.

Dans la section anglaise, la compagnie de la houillère de Bwllfa expose des lampes conformes au modèle de Davy, et d'autres où une enveloppe de cristal est placée à la hauteur de la flamme.

Un des perfectionnements les plus importants pour augmenter le pouvoir éclairant des lampes de sûreté consiste à y brûler de l'huile de pétrole. Cette huile, qui jouit d'un pouvoir éclairant beaucoup plus considérable que l'huile végétale, nécessite des dispositions spéciales dans les lampes.

La lampe de sûreté pour huile de pétrole exposée par M. Arnould est à mèche plate; le bec de la lampe a une ouverture circulaire. Autour de la mèche se trouve une enveloppe de verre; la partie supérieure de la lampe est formée d'une toile métallique; dans d'autres modèles du même exposant, cette enveloppe de toile métallique est remplacée, soit en partie, soit complétement, par une enveloppe de tôle mince et pleine; la flamme est entourée d'un verre conique qui monte jusque vers le haut de la toile métallique; à la base du réservoir sont des orifices recouverts eux-mêmes de toile métallique. Les fermetures de sûreté sont appliquées également à ces lampes.

M. Souheur, directeur de la houillère des Six-Bonniers, à Seraing (Belgique), expose trois modèles de lampes à pétrole pour mines à grisou.

Le plus grand modèle, lampe d'accrochage (fig. 4), est formée d'un réservoir avec bec à mèche plate et à ouverture ronde; le réservoir est surmonté d'un verre *c* renflé au niveau de la flamme ; au-dessus l'enveloppe est en toile métallique *b*. Un verre à renflement *a*, comme les verres à pétrole ordinaires, est placé intérieurement autour de la mèche ; il est surmonté d'une cheminée en tôle *d*. Des ouvertures pour l'air sont ménagées dans la galerie *e* à la base de la mèche. Cette lampe fonctionne depuis environ deux ans, d'une façon satisfaisante, aux charbonnages des Six-Bonniers, à Seraing ; elle contient une quantité d'huile suffisante pour brûler 24 heures de suite, sans qu'il soit nécessaire d'y toucher ; elle ne consomme, dit l'inventeur, qu'un centilitre d'huile par heure.

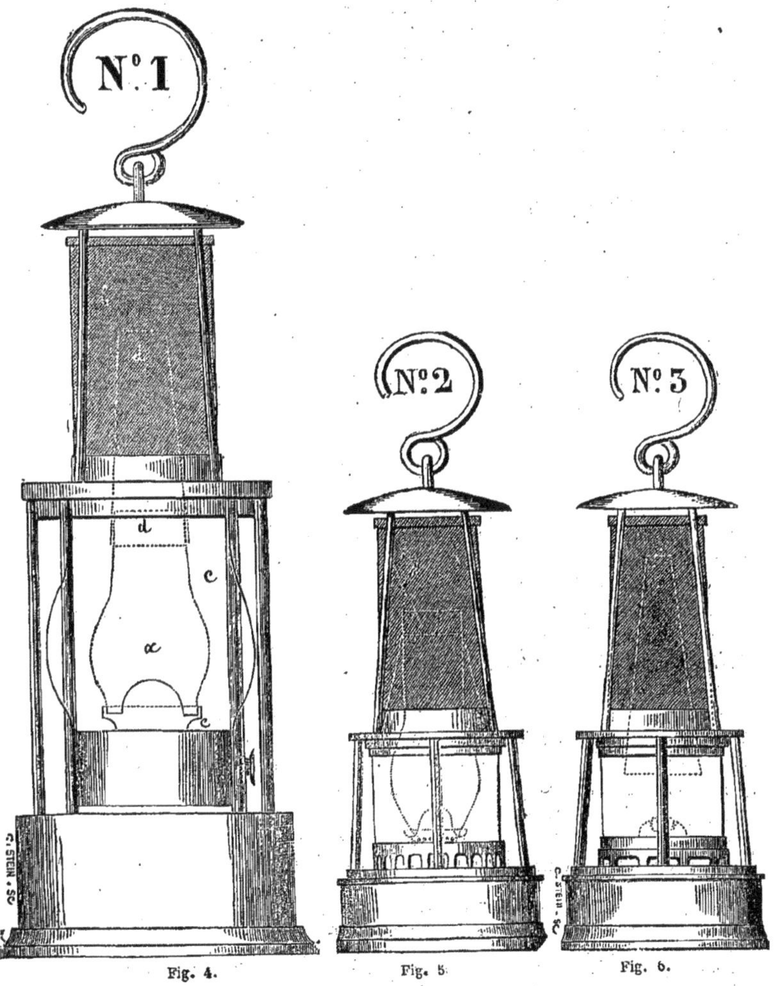

Fig. 4.   Fig. 5.   Fig. 6.

La lampe (fig. 5) est destinée au lever des plans souterrains, dans les circonstances où l'on est forcé de l'incliner beaucoup. L'enveloppe extérieure en verre est cylindrique.

La lampe (fig. 6) est la lampe d'ouvrier mineur ; elle peut brûler pendant

15 à 20 heures sans qu'on soit obligé d'y remettre de l'huile. Cette lampe
n'a qu'une enveloppe cylindrique extérieure en verre, et une simple cheminée
en tôle placée au-dessous de la flamme; elle porte, de même que la précédente, des ouvertures à la base de la virole qui entoure la mèche; cette
disposition est nécessaire dans toutes les lampes où l'on brûle du pétrole :
cette huile étant très-riche en carbone nécessite beaucoup d'air pour brûler
sans fumée.

L'emploi de la lampe Mueseler étant obligatoire en Belgique dans les mines à
grisou, une commission a été nommée par le gouvernement belge pour faire
les expériences nécessaires sur les lampes de M. Souheur avant d'en autoriser
l'emploi.

M. Souheur nous communique les résultats d'une expérience comparative
faite sur deux lampes, dont l'une à colza et l'autre à pétrole. Une lampe de
mineur contenant un décilitre d'huile de pétrole brûle 21 heures; une lampe de
mineur contenant la même quantité d'huile de colza brûle 13 heures : différence
8 heures de combustion en faveur du pétrole. L'huile de pétrole coûte 0 fr. 50 en
Belgique, l'huile de colza épurée coûte 0 fr. 90; l'éclairage par l'huile de pétrole
coûte donc 0 fr. 0024 par heure, tandis que l'éclairage par le colza coûte 0 fr. 0070,
soit une différence de 0 fr. 0046 par heure en faveur du pétrole, outre la supériorité du pouvoir éclairant. On voit que c'est là une source d'économie très-
sensible.

Pour être exact, nous devons rappeler ici qu'on a reproché aux lampes à l'huile
de pétrole d'être d'une sensibilité très-grande à l'influence du grisou et de
s'éteindre plus facilement que les autres.

Enfin, M. Cavenaile (Belgique) a construit aussi un modèle de lampe de sûreté
à pétrole, par la description de laquelle nous terminerons cette nomenclature.

La flamme de cette lampe est entourée d'un verre cylindrique surmonté d'une
toile métallique; une cheminée intérieure en tôle est disposée au-dessus de la
mèche, afin d'éviter l'échauffement de la toile métallique et le dépôt du charbon contre cette toile. La lampe s'ouvre par le bas au moyen d'une clef; autour
de la base supérieure du réservoir sont percés des trous pour l'arrivée de l'air;
une toile métallique est disposée dans la partie où viennent aboutir ces trous
autour du bec de la lampe.

M. le professeur Henri Bergé, de Bruxelles, qui a fait des expériences nombreuses sur cette lampe, a constaté qu'elle ne consomme que 10 centilitres
d'huile de pétrole de bonne qualité, en 46 heures, ce qui constitue une économie de 50 p. 100 tout en obtenant une lumière constante d'une intensité double
de celle que donnent des lampes de sûreté à l'huile de colza. Des expériences
faites en public à l'hôtel de ville de Bruxelles ont constaté que cette lampe de
sûreté à pétrole placée successivement dans des mélanges d'air et d'hydrogène,
d'hydrogène carboné, de vapeurs d'éther, de sulfure de carbone, fonctionnait
très-bien sans produire aucune explosion.

M. Cavenaile construit également des lampes de sûreté pour l'huile de colza
qui peuvent être fortement inclinées sans s'éteindre.

———

La lampe de sûreté est destinée à éviter les explosions dues à la présence du
grisou. Mais il serait fort avantageux, on le conçoit sans peine, d'avoir un appareil qui servît en quelque sorte de baromètre de la tension du grisou dans les
galeries et qui prévînt les ouvriers de sa présence.

M. Ancell a proposé récemment un appareil destiné à cet usage : il est basé sur la propriété que possèdent les gaz mis en contact de se mélanger rapidement tout en conservant après leur mélange chacun la vitesse de diffusion qui lui est propre.

L'appareil de M. Ancell (fig. 7) consiste en un tube deux fois recourbé, terminé

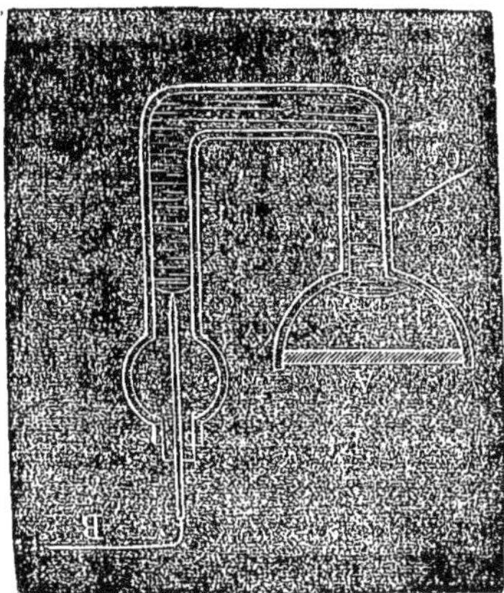

Fig. 7.

à une extrémité par une cuvette, de l'autre par un renflement. Le tube est plein de mercure ; la cuvette est fermée par un diaphragme en terre poreuse A qui absorbe le grisou ; il en résulte une augmentation du volume de l'air renfermé dans cette cuvette ; la colonne de mercure se déplace et vient en contact avec un fil conducteur B ; un autre fil conducteur C étant relié à l'autre branche du tube, le circuit se trouve ainsi fermé et met en mouvement un avertisseur électrique qui frappe sur une cloche placée dans la galerie : les ouvriers sont ainsi prévenus de la quantité de grisou que renferme la galerie et peuvent se retirer à temps. Il est à désirer vivement que cet appareil donne de bons résultats pratiques ; il rendrait un immense service aux malheureux ouvriers qui travaillent dans les mines envahies par le grisou[1].

Différents autres appareils indicateurs du grisou ont été imaginés plus spécialement pour les mines où l'aérage est produit par des ventilateurs. Dans les mines où l'aérage a lieu par courant d'air naturel, l'observation du baromètre est d'une grande utilité, car l'expérience semble avoir démontré que le dégagement du grisou en grande abondance est toujours précédé d'une forte diminution de la pression atmosphérique.

M. Paul Thénard a proposé un procédé pour reconnaître la composition de

1. Nous profitons de l'occasion naturelle qui s'offre ici pour insister tout particulièrement sur la nécessité d'employer des lampes de sûreté pour éclairer tous les endroits où l'on renferme en grandes quantités des matières susceptibles de prendre feu : si cet usage s'était généralisé pour le service des magasins de fourrages, granges, ateliers de menuiserie, filatures, dépôts de matières inflammables, d'essences hydrocarburées, etc., on aurait évité bien des sinistres et bien des ruines. Le prix des lampes de sûreté est actuellement trop bas pour qu'on fasse aucune attention à la faible dépense qu'occasionnerait leur achat, en considération des accidents — trop fréquemment accompagnés de mort d'hommes — qu'elles permettraient d'éviter.

l'air des galeries des mines. On prend une série d'éprouvettes de verre fermées par un bouchon de liége ; on les remplit d'eau ; on en place un certain nombre (50 par exemple) dans une sorte de cartouchière formant ceinture ; l'opérateur muni de cette ceinture descend dans les travaux, va dans les endroits à explorer, y vide ses éprouvettes qui se remplissent ainsi du gaz de la galerie. Il place alors les éprouvettes dans une sorte d'eudiomètre, et au moyen d'une bobine de Rhumkorff il fait passer une étincelle électrique dans le gaz ; on voit par là si l'air de l'éprouvette détonne ou non, c'est-à-dire s'il contient ou non du grisou en quantité suffisante pour produire une explosion. Pour constater si l'air contient même de petites quantités de grisou, moins de 3 p. 100, M. Thénard propose d'y ajouter 1 à 2 p. 100 d'hydrogène avant de faire passer l'étincelle. Comme on le voit, ce n'est là qu'un moyen d'information et non un moyen préservatif.

Il y a déjà une dizaine d'années que M. Jeandel a proposé l'emploi de l'étincelle électrique produite par la bobine de Rhumkorff pour reconnaître la présence du grisou dans les mines. Pour cela des fils de cuivre établis dans les différentes galeries viendraient aboutir à un fil relié à la bobine ; des fusées seraient disposées de distance en distance sur le parcours des fils : en produisant des étincelles électriques on enflammerait ces fusées, et dans le cas où il y aurait du grisou dans la galerie, il ferait explosion ; on pourrait ensuite pénétrer dans la galerie sans danger. Ce moyen ne s'est pas généralisé. Il semble peu pratique, et d'ailleurs les explosions ainsi provoquées pourraient produire dans les galeries des ébranlements dangereux.

Épuisement.

L'épuisement des eaux qui s'accumulent dans les travaux souterrains constitue l'une des branches les plus importantes du service complexe de l'exploitation d'une mine. On comprend aisément qu'il faut absolument se débarrasser des eaux qui, s'introduisant dans les mines à travers les couches perméables des terrains environnants ou sous-jacents, finiraient par inonder les travaux et occasionner les accidents les plus graves. Les quantités d'eau à extraire sont parfois considérables, et comme l'eau arrive incessamment il faut aussi l'extraire sans cesse : de là la nécessité de ces énormes machines qui travaillent nuit et jour, à moins de réparations urgentes ; encore quand ces opérations exigent quelque temps, est-on obligé d'aviser au moyen de les suppléer momentanément. On peut employer pour l'épuisement des machines à double effet ; cependant les machines à simple effet, c'est-à-dire dans lesquelles la vapeur n'agit que pour soulever la maîtresse tige des pompes, sont plus répandues. Elles se divisent en deux types : la machine du Cornouailles et les machines à traction directe. Dans les machines du Cornouailles la maîtresse tige des pompes est attachée à l'une des extrémités d'un balancier qui par son autre extrémité est reliée à la tige du piston moteur ; la vapeur agit alors *sur la face supérieure* du piston pour soulever la maîtresse tige qui, par son poids, produit la descente du piston. C'est le type le plus généralement usité en Angleterre et notamment dans les mines du Cornwall, d'où lui est venu son nom. Dans les machines à traction directe la maîtresse tige est attachée directement à la tige du piston : la vapeur agit alors *sur la face inférieure* du piston pour soulever l'appareil de la maîtresse tige.

La machine de Cornouailles est en quelque sorte classique, elle a été décrite dans de nombreux ouvrages ; d'ailleurs elle n'est guère susceptible de modifications et n'est point représentée à l'Exposition : nous ne la décrirons pas ici.

La machine d'épuisement à simple effet et à traction directe est peut-être moins connue que la précédente, bien qu'elle soit assez répandue en France, en Belgique et en Allemagne; elle exige beaucoup moins de fondations que les machines à balancier et en outre elle offre cet avantage que l'action de la vapeur dans le cylindre a pour effet d'appuyer ce dernier sur ses fondations.

L'Exposition renferme les dessins d'une très-remarquable machine de ce genre, construite par M. Quillac (d'Anzin) pour les mines de Fiennes (Pas-de-Calais). C'est la plus puissante machine d'épuisement à vapeur, à un seul cylindre et à simple effet, qui existe en France et en Belgique. Elle est représentée planche CXIX. Cette machine est à détente et à condensation. Le cylindre à vapeur est entouré d'une enveloppe en fonte dans laquelle passe la vapeur qui arrive des chaudières avant d'être introduite sous le piston. La distribution de vapeur est faite par trois soupapes de Cornouailles : la première sert à l'admission de la vapeur sous le piston ; la seconde, qui fait communiquer le haut du cylindre avec le bas, établit l'équilibre de pression dans le cylindre entre le dessous et le dessus du piston; la troisième sert à l'échappement de la vapeur qui va au condenseur.

La vitesse de la machine est réglée par une cataracte à double effet qui donne un temps d'arrêt à l'extrémité de chaque course du piston.

L'eau froide destinée à condenser la vapeur est introduite dans le condenseur par deux soupapes qui s'ouvrent et se ferment, l'une en même temps que la soupape d'introduction de la vapeur, l'autre en même temps que la soupape d'échappement ; il en résulte qu'au commencement de la course du piston, c'est-à-dire au moment où la vapeur va s'introduire dans le condenseur, ces deux soupapes sont toujours ouvertes, tandis qu'à la fin de la course l'une d'elles est toujours fermée. Deux pompes à air à simple effet expulsent du condenseur l'eau et les gaz résultant de la condensation. Deux balanciers, en fonte, parallèles et d'égales dimensions, ayant leur point fixe sur la bâche à eau chaude du condenseur, et qui sont reliés par une de leurs extrémités à la crosse du piston à vapeur, mettent en mouvement les pompes à air et les tiges de commande de la distribution.

Les deux gros balanciers d'équilibre en tôle placés en contre-bas de la machine sont destinés à faire, en quelque sorte, l'office de volant : ils mettent en mouvement les masses nécessaire pour emmagasiner le travail en excès, pendant la pleine pression, afin de le restituer pendant la détente.

Le cylindre, ainsi que son enveloppe et la boîte qui renferme les soupapes de distribution, sont supportés par deux fortes poutres en tôle et cornière reposant sur de solides massifs de maçonnerie écartés intérieurement de 4^m.20 ; des ouvertures sont ménagées dans ces massifs pour permettre l'accès aux différentes parties de la machine. Les deux gros balanciers d'équilibre sont supportés également par de forts massifs de maçonnerie et logés dans deux fosses en contre-bas du sol.

Cette machine est destinée à élever l'eau d'une profondeur de 400 mètres.

Voici les principales données de sa construction :

Diamètre intérieur du cylindre à vapeur......	2^m.660
Course du piston...........................	4^m.000
Pression de la vapeur dans le cylindre........	3^{atm}.750
Durée de l'introduction de la vapeur.........	1/2 de la course
Vitesse maxima de la machine..............	4 coups de piston par minute
Diamètre de la tige du piston, en fer forgé.....	0^m.300
Travail de la vapeur dans le cylindre........	618 chevaux
Diamètre du tuyau d'arrivée de vapeur.......	0^m.400
Diamètre du tuyau d'échappement..........	0^m.480

Diamètre des pompes à air................... 0ᵐ.900
Course des pistons des pompes à air.......... 2ᵐ.000
Diamètre des orifices d'injection d'eau froide.. 0ᵐ.220
Hauteur des poutres métalliques qui supportent
le cylindre................................... 1ᵐ.350

L'eau est extraite du fond de la mine au moyen de six pompes foulantes superposées à piston plongeur et d'une pompe élévatoire placée au fond : voici leurs dimensions principales :

Diamètre des pistons des pompes............. 0ᵐ.600
Course...................................... 4ᵐ.000
Volume d'eau élevé par coup de piston dans
l'hypothèse de 0.90 d'effet utile............... 1ᵐ³.015
Travail correspondant à la quantité d'eau élevée
par seconde................................. 362 chevaux
Diamètre des tuyaux ascensionnels........... 0ᵐ.500

La maîtresse tige qui transmet le mouvement aux pompes est formée sur toute sa longueur de deux tirants en fer ; chacun d'eux est composé de deux lames de fer plat parallèles réunies par des rivets à deux fers recourbés deux fois à angle droit (pl. CXIX). La section de ces tirants va en diminuant du haut en bas ; à la partie supérieure elle est de 45280 millimètres carrés pour chacun d'eux. Les lames de fer plat qui composent ces tirants ont 6ᵐ.50 de long ; elles sont assemblées par des couvre-joints. Les pompes sont placées entre les deux tirants de la maîtresse tige.

Voici le poids des principales parties de la machine :

Le cylindre à vapeur avec son enveloppe pèse. 40,000 kilogrammes
Les poutres en tôle qui le supportent......... 12,000   —
La tige du piston............................ 4,000   —
La crosse du piston.......................... 1,600   —
Chacun des balanciers d'équilibre, sans axe ni
contre-poids................................ 20,000   —
Le poids total de la machine avec ses poutres et
ses balanciers d'équilibre, sans contre-poids, est de 175,000   —
Le poids des six pompes foulantes complètes
mais sans tuyaux est de..................... 70,200   —
La pompe élévatoire complète, mais sans tuyaux,
pèse....................................... 7,500   —
Le poids total de la maîtresse tige est de...... 200,000   —
Le contre-poids fixé à la maîtresse tige est de.. 75,000   —
Les contre-poids fixés aux balanciers d'équilibre
pèsent...................................... 140,000   —
Le poids total des pièces en mouvement, y compris le piston avec sa tige et les balanciers, est de 465,000   —

Cette machine est en activité, depuis quatre mois et demi, aux mines de Fiennes. On voit par les chiffres qui précèdent qu'elle constitue l'un des spécimens les plus considérables de l'industrie des constructions mécaniques. Elle présente une simplicité très-grande dans son ensemble comme dans ses détails et possède cependant toutes les conditions requises pour le service de l'épuisement. Il n'est que juste de faire observer que ces conditions se trouvent réalisées dans toutes les machines construites par M. Quillac. La machine d'extraction qu'il a exposée en nature au Champ de Mars et qui sera décrite dans les *Études*, se recommande par les mêmes qualités. C'est par une étude suivie de toutes les questions qui se rattachent à la construction des machines de mines, que M. Quillac est arrivé à ce résultat de construire le plus grand nombre des machines de ce genre qui sont employées en France; il en a construit également pour la Belgique, pour l'Espagne et, chose remarquable, pour l'Angleterre (machines d'extraction et d'épuisement des mines d'Elswick) où les grands ateliers de construction ne font pourtant pas défaut.

—

M. Melchior Colson a exposé, dans la section belge, les dessins d'un nouveau système de machines d'épuisement de grande force (500 chevaux), à rotation continue, à grande détente variable (admission de 1/10ᵉ) et à condensation, actionnant un système de pompes à double effet et à pistons plongeurs destinées à extraire 2,800 litres d'eau par minute à la profondeur de 800 mètres.

La machine d'épuisement de M. Colson n'est pas à traction directe. Le piston moteur est placé latéralement et actionne la maîtresse tige au moyen d'un balancier en dessous; ce même balancier fait mouvoir les pompes du condenseur qui sont placées en contre-bas de lui.

Dans cette disposition le même puits sert à l'épuisement et à l'extraction. La maîtresse tige des pompes est logée contre la paroi du puits et les tuyaux ascensionnels, arrivés à une petite distance de l'orifice, passent dans une galerie souterraine communiquant latéralement avec le puits et venant déboucher au jour.

Deux balanciers portant des contre-poids équilibrent la masse des pièces en mouvement.

—

Un perfectionnement, qui ne s'obtiendra pas sans difficulté, mais qui serait très-réel, consisterait à placer les machines d'épuisement dans le fond de la mine; on supprimerait par là l'appareil fort embarrassant des maîtresses tiges et l'on aurait, en même temps, une beaucoup plus grande facilité pour l'emploi des machines d'abattage mécanique qui nécessitent une force motrice; mais l'installation de la machine d'épuisement et des chaudières dans les galeries souterraines n'est pas sans offrir de grandes difficultés. La question paraît cependant être à l'étude, aux mines de Blanzy, notamment.

—

Les pompes sont nombreuses à l'Exposition, elles seront décrites dans une autre partie des *Études*. Je me bornerai à insister ici sur un type qui s'applique très-avantageusement à l'épuisement des eaux à des profondeurs variables. Cette pompe offre d'ailleurs un ensemble de dispositions intéressant et mérite d'être signalée, d'autant que les ateliers de construction d'où elle sort étant situés en province (à Castres, dans le département du Tarn), elle est peut-être moins connue de nos lecteurs qu'elle ne mérite de l'être.

La pompe dont il s'agit, dite *pompe Castraise*, est à double effet, aspirante et foulante. Les fig. 8 et 9 représentent une coupe verticale et une coupe horizontale d'une de ces pompes, dont le cylindre A est horizontal. Ce cylindre, ouvert à ses deux extrémités, est en bronze; il est fixé dans son enveloppe en fonte par un collier qui s'appuie sur un diaphragme évidé en fonte, faisant corps avec l'enveloppe et qui empêche toute communication entre les parties du corps de pompe A séparées par le piston; des tiges avec pas de vis et écrous servent à

fixer le cylindre sur le diaphragme. Le piston est formé de deux sortes de rondelles de cuivre entre lesquelles sont placés deux cuirs emboutis qui s'appliquent
contre les parois du cylindre sur une assez grande longueur; la tige du piston,
également en bronze, se prolonge des deux côtés et traverse les deux fonds de

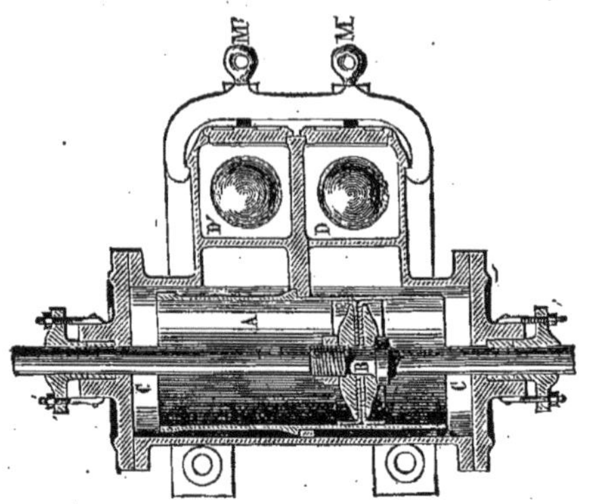

Fig. 8.

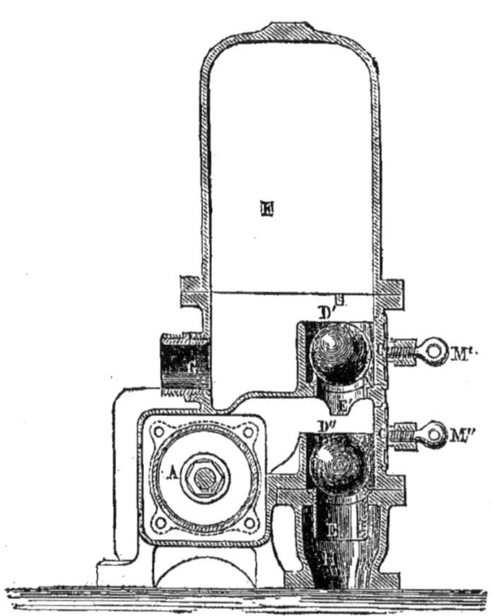

Fig. 9.

l'enveloppe extérieure dans deux boîtes à étoupes destinées à éviter toute fuite
d'eau ou toute introduction d'air. A côté du cylindre, et en partie au-dessus de
lui, se trouvent les soupapes et le réservoir d'air. Les soupapes, au nombre de
quatre, sont formées de sphères pleines en caoutchouc; elles sont disposées dans
deux chambres différentes sans communication entre elles; les deux soupapes
d'une même chambre, D' et D", par exemple, sont situées l'une au-dessus de

l'autre, elles reposent sur des siéges en bronze **E, E'**, dont les bords sont arrondis ; le siége E, et son symétrique de l'autre côté, en se prolongeant par le bas comme l'indique la figure, forment de véritables réservoirs d'air à l'aspiration. La course des sphères en caoutchouc est limitée par des arrêts en métal ; devant chaque sphère se trouve un regard M, M', M'', fermé par un plateau et une vis de pression qui permet de visiter les soupapes. En F est le réservoir d'air du refoulement ; le tuyau d'aspiration s'adapte en H, celui de refoulement en G.

Le jeu de la pompe se comprend de reste. Lorsque le piston se déplace dans le sens de M en M' (lettres des regards) la soupape D''' (invisible dans les dessins) s'ouvre et admet l'eau aspirée ; simultanément la soupape D' est soulevée, et l'eau aspirée au coup de piston précédent par la soupape D'' s'introduit dans le réservoir F ; quand le piston va dans le sens de M' en M, la soupape D' retombe sur son siége ainsi que la soupape D'' ; alors la soupape D'' est soulevée par le vide déterminé par le piston, et la soupape de refoulement D est simultanément soulevée pour permettre à l'eau aspirée au coup de piston précédant par la soupape D''' de s'introduire dans le réservoir F et ainsi de suite.

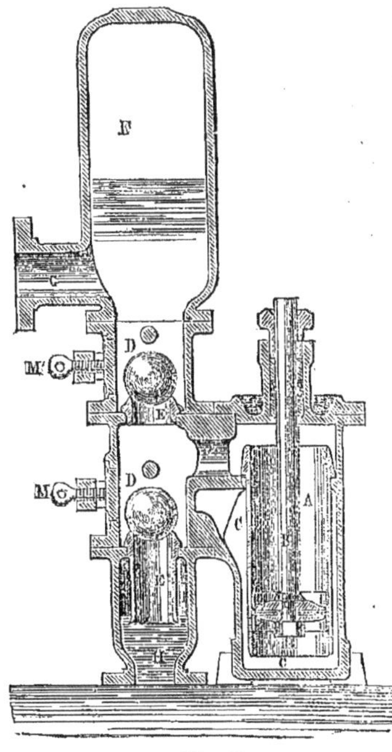

Fig. 10.

Dans la pompe Castraise à double effet, aspirante et foulante, à cylindre vertical, représentée figure 10, les choses se passent d'une façon toute semblable. Le cylindre A en bronze est toujours placé latéralement dans une enveloppe de fonte ; les soupapes D, D'... en caoutchouc massif sont au nombre de quatre ; leurs siéges E, E'... sont aussi en bronze et ceux des deux soupapes d'aspiration se prolongent vers le bas dans l'enveloppe de fonte pour former réservoir d'air à l'aspiration ; le déplacement vertical de chaque soupape est limité par une tige en fer encastrée dans les parois de l'enveloppe ; devant chaque soupape se trouve un regard fermé par un plateau et une vis de pression. Le tuyau d'aspiration s'adapte en H ; le tuyau de refoulement se branche en G sur le réservoir F ; la tige du piston ne traverse plus qu'un stuffing box ; la disposition du piston est la même que dans la pompe horizontale. Cette pompe fonctionne exactement comme la précédente.

Les réservoirs d'air établis à l'aspiration comme au refoulement permettent de faire marcher ces pompes à de grandes vitesses, sans occasionner des coups de bélier sensibles qui désorganisent rapidement les appareils le plus solidement construits ; la disposition des soupapes évite toute espèce d'engorgement par les graviers ou débris qui pourraient se trouver dans l'eau à épuiser ; on remarquera d'ailleurs que l'eau aspirée ne passe qu'en partie dans le cylindre, de sorte que les détritus dont elle pourrait être chargée ne sauraient nuire à la pompe. Le piston met en effet en mouvement, par son déplacement, la quantité de liquide emmagasinée dans le cylindre et son enveloppe CC; or, ce volume est plus considérable que le volume engendré par la course du piston; il en résulte que c'est le mouvement imprimé au volume d'eau contenu dans l'enveloppe qui provoque le déplacement des soupapes sans que le liquide aspiré ait à pénétrer en totalité dans le cylindre. La disposition des soupapes concourt en outre à permettre de grandes vitesses de marche; ces boules de caoutchouc massif se déplacent très-facilement, et leur flexibilité facilite leur rapide fermeture et évite les chocs; cependant malgré toutes ces dispositions qui facilitent la marche rapide de ces pompes, la vitesse du piston ne dépasse pas $0^m,25$ par seconde dans les conditions normales; cela correspond à une vitesse de l'eau de $1^m,00$ dans les tuyaux.

Les différents perfectionnements que nous venons d'indiquer ont été introduits successivement dans ces appareils, à mesure que l'expérience en démontrait la nécessité, par les ingénieurs qui les construisent, MM. Schabaver et Fourès; ils n'existaient point dans le type des pompes Castraises que le général Morin a décrites (dans son traité des *Appareils à élever l'eau*), et qu'il signale cependant comme une des meilleures pompes d'épuisement.

L'effet utile de ces pompes est remarquable. Une d'elles, installée à Graisses-sac, manœuvrée par un seul homme, refoule huit litres d'eau par minute à la hauteur de 70 mètres, sans relai.

Deux de ces pompes ayant $0^m,850$ de course et $0^m,300$ de diamètre, actionnées par une locomobile de la force de 6 chevaux, ont monté $2^{litres},64$ d'eau par seconde à la hauteur de $92^m,20$; ce travail a été effectué avec une dépense de 200 kilogr. de coke de gaz pour 13 heures de marche des pompes.

Nous n'avons à entretenir le lecteur que de ce qui a trait à l'épuisement, aussi nous bornerons-nous à dire que la pompe Castraise, outre les dispositions que nous avons décrites, se prête à toutes les autres installations de pompes d'arrosage, d'incendie et autres. Ces pompes ont déjà reçu de nombreuses applications dans les mines et dans les carrières.

Dans la section prussienne de l'Exposition nous avons remarqué le modèle d'un appareil destiné à soutenir les pompes d'épuisement et à permettre au besoin de les élever et de les descendre d'une petite quantité dans les puits de mines. Les pompes sont saisies par des brides métalliques formées de maillons articulés qui s'attachent à des colliers fixés autour des chapelles; ces brides sont reliées à une tige commandée par des presses hydrauliques; on peut, en foulant de l'eau dans les presses, soulever l'ensemble des pompes d'une petite quantité ou inversement les descendre d'une petite hauteur.

Cet appareil, sur lequel il nous a été impossible d'obtenir aucun renseignement, a été exposé par MM. Sotzmann et Kühnemann de Tarnowitz.

Un autre appareil analogue, destiné au même usage, a été exposé dans la même section par MM. Thiele et Winckler, administrateurs des mines de Kattowitz.

Enfin, et faute encore d'avoir pu obtenir aucun renseignement, nous nous bornerons à citer une machine spéciale exposée dans la section belge par M. D. Gérard, de Tournai, destinée à descendre et remonter les ouvriers dans les mines, à transporter les produits de l'exploitation ainsi qu'à épuiser en même temps les eaux; l'eau s'extrait (si nous avons bien compris le fonctionnement de la machine en examinant le modèle exposé) au moyen de cuves qui se fixent sur un câble à deux brins s'enroulant sur un système de molettes auxquelles on transmet un mouvement de rotation ; de même les wagons contenant les produits de la mine, et les cages où se placent les ouvriers, s'accrochent à ce câble. Cette machine remplirait donc à la fois les fonctions de la machine d'extraction, de la machine d'épuisement, des pompes et des échelles mobiles (*fahrkunst*) qui servent spécialement au déplacement des ouvriers.

NOTES RECTIFICATIVES.

MACHINE A PERCER LES GALERIES DANS LES ROCHES, DE MM. LES CAPITAINES BEAUMONT ET LOCOCK.

En rendant compte, dans le sixième fascicule des *Études sur l'Exposition*, de la machine à percer des galeries dans les roches, imaginée par MM. Beaumont et Locock, j'ai commis une erreur que je tiens à rectifier, parce qu'elle est de nature à influer sur l'opinion que le lecteur a pu se faire de cette machine, et qu'elle pourrait d'ailleurs être préjudiciable aux intérêts des inventeurs.

Cette machine n'est point destinée, comme je l'ai cru, à percer la totalité des tunnels ou des galeries de grande section par reprises successives et parallèles. Ce mode de travail présenterait en effet les inconvénients graves que j'ai signalés ; elle n'était destinée dans l'origine qu'à creuser des galeries pour conduites d'eau : la forme de ces galeries n'a, en réalité, pas une grande importance, puisqu'elles sont destinées soit à recevoir des tuyaux de conduite, soit à donner directement passage à l'eau. La forme circulaire se prête à cette destination aussi bien que toute autre. Par extension de cette idée, MM. Beaumont et Locock ont cherché à employer cette même machine au percement des tunnels ou galeries en général, quelle que soit leur destination ; mais dans ce cas ils font avec leur machine *non pas la totalité du travail, mais seulement une galerie d'avancement* ayant le diamètre du disque qui porte les forets ; cette galerie d'avancement est destinée seulement à faciliter le percement du tunnel, à permettre aux ouvriers de faire plus commodément et plus rapidement leur travail qui se trouve ainsi commencé par la machine, les ouvriers travaillant en arrière de celle-ci qui continue toujours à avancer.

M. Beaumont attache une grande importance au percement d'une semblable galerie d'avancement, qui dans la plupart des cas devra, pense-t-il avec raison, accélérer notablement le travail du percement des tunnels ou galeries ; aussi désirant réaliser un moyen de percer avec rapidité et économie de main-d'œuvre cette galerie d'avancement, il avait à choisir entre deux procédés : l'un consistait à agir mécaniquement sur toute la section de la galerie d'avancement, ce qui n'était guère praticable ; l'autre consistait à agir seulement sur le pourtour de cette section en y creusant mécaniquement une rainure circulaire. C'est ce que la machine dont il s'agit effectue au moyen de la couronne porte-forets mise en mouvement comme je l'ai dit. La manœuvre de la machine est facilitée par les ouvertures qui existent entre les différents bras de cette couronne porte-forets, de façon à permettre à un ouvrier, lorsque la machine a été suffisamment reculée, de s'introduire à l'avant, après le sautage du trou central, pour enlever les déblais qu'il fait passer à travers ces orifices, ainsi que pour changer les fleurets quand cela est nécessaire. D'ailleurs, en vue d'accélérer le travail du percement, MM. Beaumont et Locock se proposent d'adapter prochainement à leur machine une disposition spéciale pour la faire reculer automatiquement.

M. Beaumont estime que la question de la consommation de poudre doit être laissée de côté, car elle ne représente qu'une fraction très-petite du prix de la main-d'œuvre, de même, dit-il, que les difficultés et le prix du transport de la machine à pied d'œuvre ne sont pas d'une importance bien grande lorsqu'il s'agit de travaux aussi considérables que le percement de tunnels de chemins de fer, par exemple. La question capitale, c'est d'accélérer l'exécution du travail afin de diminuer son prix de revient : c'est là le but que la machine est destinée à remplir.

Ce qui précède suffira, je pense, pour faire comprendre que le travail de la machine de MM. Beaumont et Locock s'effectue en réalité dans des conditions meilleures que je ne l'avais indiqué ; il est de toute justice, quels que puissent être les résultats futurs de la pratique, de laisser à ces messieurs la part qui leur revient dans les efforts tentés en vue du percement économique et rapide des galeries dans les roches.

———

POUDRE COMPRIMÉE.

Dans le même article *Mines* du sixième fascicule des *Études*, j'ai donné quelques indications sur la fabrication et l'emploi de la poudre comprimée.

M. L. Faucher, ingénieur des manufactures de l'État, attaché à la poudrerie impériale d'Angoulême, a adressé au directeur des *Études* une lettre destinée à rectifier quelques-unes de ces indications. Je reproduis textuellement ici quelques passages de cette lettre qui pourront intéresser nos lecteurs.

« Dès l'année 1860, dit M. Faucher, on avait expérimenté sur l'ordre de S. M. l'empereur, à la poudrerie impériale du Bouchet, un procédé de compression qu'un Anglais, le sieur Brown, avait fait breveter en France. Ces essais étaient restés infructueux.

« Lorsque M. Doremus vint offrir au gouvernement français la cession de son procédé, il fut envoyé pour l'expérimenter à la poudrerie du Bouchet, dans le courant de mai 1862. L'application de ce procédé ayant paru pouvoir être faite avantageusement, soit aux munitions de guerre, soit aux cartouches pour poudres de mine, le gouvernement se décida à l'acheter, et de nombreux essais furent continués après le départ de M. Doremus, tant à la poudrerie du Bouchet qu'à l'École de pyrotechnie de Metz.

« Pour ce qui est des charges comprimées de mine, dans le courant de 1863 et 1864, un certain nombre d'échantillons furent livrés gratuitement à plusieurs chantiers de construction, par exemple, à Marseille, sur les lignes du Dauphiné, sur le chemin de Saint-Brieuc à Brest, au port de Brest, etc. Mais les résultats, sans être défavorables, ne furent pas de nature à pousser les entrepreneurs à faire des commandes.

« Dans le courant de 1865, M. le ministre des travaux publics prescrivit par une circulaire aux ingénieurs des mines et des ponts et chaussées, qui se trouvaient à proximité d'exploitations minières, de pousser les industriels à faire l'essai des charges comprimées de mine. Sur leur impulsion, la poudrerie du Bouchet fit quelques expéditions au prix de la poudre ordinaire, principalement pour les districts métallurgiques et miniers du Nord, à Anzin, à Douchy, à

Aniche, etc., mais les demandes s'arrêtèrent bientôt, et n'ont pas dépassé 4 à 5,000 kilogrammes.

« La poudrerie du Bouchet ayant cessé, à partir du 1er janvier 1866, de fabriquer les poudres de commerce, ce fut à la poudrerie d'Angoulême que l'administration fit installer la machine à comprimer les poudres de mine. Mais aucune demande ne nous est encore parvenue, et les rapports des ingénieurs constatent que cette indifférence des industriels tient à ce que l'emploi des charges comprimées n'a donné que des avantages insignifiants, ou même très-contestables[1]. »

M. Faucher dit dans sa lettre que l'administration se trouve représentée dans notre article comme ayant acheté le brevet Doremus pour empêcher l'emploi de la poudre comprimée, et il pense que la justice et la vérité exigent que l'administration ne soit pas représentée comme systématiquement contraire à cette invention, qu'elle s'est efforcée de propager autant qu'elle l'a pu.

Qu'il me soit permis de repousser ce reproche de M. Faucher. Mon intention en écrivant le passage de l'article dont il s'agit, n'a été nullement de blâmer l'administration ; j'ai dit, en y mettant une forme dubitative, dont M. Faucher n'a pas tenu un compte suffisant, que la fabrication des cartouches de poudre comprimée ne serait *peut-être* pas appliquée de longtemps en France, et j'ai donné une raison fort naturelle de cette opinion. Le gouvernement étant légitime propriétaire du brevet Doremus, et étant d'un autre côté fabricant de poudre, serait entièrement maître, tout comme le serait à sa place un simple particulier, d'exploiter ou non le brevet, comme il l'entendrait. Les passages de la lettre de M. Faucher qu'on vient de lire indiquent quel a été le rôle actif de l'administration pour la propagation de cette invention, c'est pourquoi je les ai reproduits. Je reconnais sans peine que mon *hypothèse* n'était pas fondée.

Émile SOULIÉ,
Ingénieur civil, ancien élève de l'École des mines.

1. « Ajoutons que l'artillerie de terre et de mer, après avoir conçu de grandes espérances sur l'emploi de la poudre comprimée, arrive actuellement à y renoncer tout à fait. » *Note de la lettre de M. Faucher.*

MATÉRIEL ET PROCÉDÉS

DE

L'EXPLOITATION DES MINES

PAR M. ÉMILE SOULIÉ,

Ingénieur civil, Ancien Élève de l'École des Mines,

ET M. ALFRED LACOUR,

Ingénieur civil, ancien Élève de l'École polytechnique et de l'École des Mines.

(Pl. 115, 120, 150.)

SONDAGES.

Dans l'introduction aux études sur le matériel et les procédés de l'exploitation des mines, M. Soulié a expliqué en quelques lignes quel était l'objet et quels sont les moyens employés pour effectuer les sondages [1].

Avant d'entrer dans l'étude détaillée des objets exposés au Champ de Mars, il me reste à résumer les travaux effectués dans cette voie antérieurement à notre époque.

L'idée de creuser des trous dans la terre pour aller chercher, dans le sein de cette *bonne mère*, les substances qui peuvent être utiles à l'homme, et principalement l'eau, remonte évidemment à la plus haute antiquité.

Aussi loin dans le passé que peuvent aller les traditions des peuples de l'Orient, on trouve chez eux la trace de semblables travaux, plus utiles encore dans ces pays brûlés par un soleil ardent que dans toute autre contrée.

Le procédé qu'ils employaient pour trouver, sous la croute desséchée de sable, la nappe d'eau fraiche et vivifiante, devait être le même qui est encore employé par les indigènes du Sahara algérien.

Le puits est creusé dans une roche de moyenne dureté. L'épuisement se fait, autant que possible, au moyen de baquets; mais quand on arrive à la couche sableuse aquifère, l'eau s'élève tout à coup dans le puits, et alors pour achever le sondage ou bien pour dégager à temps le fond du puits des sables qui l'encombrent, il faut retirer ces sables d'un trou dont la profondeur va quelquefois jusqu'à 40 ou 50 mètres et complétement rempli d'eau. Pour cela, des puisatiers de profession plongent sous cette colonne liquide, et vont remplir au fond du trou un panier de sable que l'on remonte ensuite au moyen d'une corde. Avant de s'immerger dans ce liquide glacé, ils exposent leur grand corps sec et décharné à un feu ardent; puis ils se précipitent dans l'eau le pied passé dans la boucle d'une corde attachée à une pierre qui les entraîne rapidement au fond. Lorsqu'ils ont fait leur travail, ils se dégagent de leurs entraves, et remontent d'eux-mêmes à la surface. Ils restent souvent ainsi quatre ou cinq minutes sous l'eau, et il n'est pas rare de les ramener évanouis. On comprend ce qu'un pareil exercice a de peu hygiénique; heureusement ils sont soutenus dans cette rude tâche par des idées mystiques.

Les anciens puits construits par cette méthode barbare ne laissèrent pas que de rendre d'immenses services; ils étaient solidement muraillés, et on en trouve encore dans la Haute-Égypte, en Arabie, tantôt à l'état de sources jaillissantes et donnant alors lieu à des oasis fertiles et peuplées, quelquefois un peu ensablés, mais que de faciles travaux suffisent pour remettre en état.

Les Chinois eux aussi, depuis une antiquité tout à fait immémoriale, savent creuser des trous qui atteignent même des profondeurs infiniment plus considérables, 5 à 600 mètres et plus.

Ces puits servent à amener à la surface du sol tantôt des eaux salées, plus souvent des eaux douces. Dans quelques régions, ils donnent des dégagements de gaz inflammables, que les habitants de ces provinces emploient à l'éclairage et au chauffage.

Pendant longtemps, on n'a pas connu la méthode qu'ils employaient pour forer ces trous. Le missionnaire Imbert, au commencement de ce siècle, a raconté leur procédé qui, sous le nom de *sondage à la corde*, a été très-prôné par quelques-uns de nos ingénieurs. Nous ne connaissons qu'assez imparfaitement la méthode suivie en Chine, aussi je ne m'y arrêterai pas; mais je dirai quelques mots des essais de ce genre qui ont été faits dans des régions moins lointaines.

M. Sello, il y a trente ans environ, a beaucoup étudié cette méthode et en a tiré un certain parti. Voici en quelques mots comment il opérait.

Un trépan de forme ordinaire était attaché à l'extrémité d'une corde de chanvre. Pour opérer le battage, on attachait le bout de la corde à l'extrémité d'une perche élastique, à laquelle on communiquait un mouvement d'oscillation. Un treuil ordinaire, sur lequel s'enroulait la corde, servait à remonter le trépan. Le poids de celui-ci était de 100 kilogrammes, et le prix total de l'appareil était de 500 francs; c'était donc un appareil extrêmement simple, très-économique et marchant parfaitement pour de petites profondeurs et un petit diamètre. M. Sello fit par ce moyen plusieurs sondages à Sarrebruck; M. Gruner, M. Froman, employèrent aussi cette méthode en y apportant quelques perfectionnements de détail. M. Jobard fit également des essais heureux dans les environs de Marienbourg. Enfin M. Selligue conduisit, par cette méthode, un puits creusé près de l'École militaire de Paris, jusqu'à 200 mètres de profondeur; mais alors la corde cassa, il fut impossible de retirer la corde du trou, et l'on dut abandonner le travail.

Dans ces essais, et dans d'autres encore sur lesquels je ne puis m'appesantir, priant le lecteur de s'en référer à la brochure publiée sur cette matière, en 1852, par M. Lechatellier, on a varié plus ou moins le système d'outillages. Sans doute cette question de la disposition des outils employés a une certaine importance et doit être en harmonie avec le mode de suspension que l'on emploie; mais cette harmonie une fois obtenue, en adoptant je suppose les appareils proposés par M. Lechatelier, et mis en œuvre par la maison Degousée et Laurent dans la Moselle, il reste toujours l'emploi de la corde qui caractérise le système. Or de cet emploi résulte l'impossibilité d'agir au fond du trou par l'intermédiaire d'une tige rigide. De là résulte : 1° qu'en marche normale, on ne peut s'attaquer, par ce système, à des terrains trop durs, le trépan n'étant pas suffisamment guidé à la partie inférieure pour être sûr qu'il percera un trou parfaitement cylindrique; 2° en cas d'accident, on n'a aucun moyen d'agir au fond du trou. On ne pourrait donc se risquer à employer ce système pour des travaux importants qu'à la condition d'avoir à sa disposition un système de tiges rigides susceptibles de venir en aide à la corde, et dès lors on perdrait tout l'avantage de l'économie qu'il pourrait présenter, — avantage qui semblait avoir été de beaucoup le plus considérable, car au point de vue du temps, il n'a pas paru y avoir grande amélioration.

On a cherché à combiner aussi la corde avec un système rigide.

La Société française de la Compagnie Fréminville a fait emploi d'une colonne de garantie qui descendait à mesure que le puits s'approfondissait. Cette colonne servait au tubage provisoire du puits. Elle avait en outre pour objet de permettre d'agir par rotation sur l'outil foreur. Voici la disposition prise pour remplir ce but.

Supposons qu'à la partie inférieure de la colonne on ait fixé à l'intérieur deux pièces de tôle triangulaires de 50 centimètres de hauteur, dont les bases, égalant chacune d'elle la demi-circonférence du tuyau, s'appuientsur la base de la colonne. Elles laisseront donc entre elles des espaces triangulaires diamétralement opposés, dans lesquels la colonne ne sera pas recouverte de cette doublure. L'outil foreur à son tour est muni de deux saillies triangulaires ayant leur sommet dirigé vers le bas, et s'enfourchant par conséquent dans les vides de l'armature du tuyau. Il en résultera donc que, lorsqu'on voudra donner un mouvement de rotation au trépan, il faudra faire tourner la colonne tout entière, qui alors entraînera le cylindre de fonte au moyen de cet assemblage, lequel à son tour fera tourner le trépan; mais avec cette disposition, on comprend que le trépan obligé de descendre dans la colonne de garantie ne peut forer un trou plus large que le diamètre intérieur de la colonne.

Dans quelques cas, lorsque les terrains sont suffisamment meubles, dans des sables, par exemple, ou dans des argiles peu compactes, ce mouvement de rotation, joint au poids de la colonne, suffit pour la faire pénétrer; mais lorsqu'il s'agit de terrains compactes et de roches dures, il n'en est pas ainsi. Il faut alors avoir recours à un instrument élargisseur. Il se compose essentiellement de scies maintenues à l'intérieur d'un tuyau de fonte, d'un diamètre inférieur à celui de la colonne. Lorsque cet instrument est soutenu par la corde qui le descend au fond du trou, les scies sont rentrées dans l'intérieur; mais lorsqu'il vient reposer au moyen des saillies triangulaires sur la colonne, les scies sortent de leur manchon en glissant sur une pièce en forme de coin, et viennent, par conséquent, sous-caver la base de la colonne qui peut alors descendre. On le voit donc, dans cette méthode, on peut toujours agir par rotation sur le trépan; mais c'est grâce à la manœuvre de cette énorme colonne de garantie qui doit toujours rester libre dans le forage. Or il arrive souvent que des compressions latérales lui ôtent tout mouvement; on est alors obligé d'en descendre un autre d'un diamètre moindre, ce qui est un énorme inconvénient. De plus, on n'a pas la facilité d'agir au fond du trou pour réparer ces accidents si fréquents dans les sondages, tels que rupture d'un trépan, etc.

MM. Degousée et Laurent ont cherché à perfectionner cette méthode en donnant à la colonne de garantie une extrême facilité pour être retirée du trou. Pour cela, ils la composent de tubes en tôle de 3 à 4 millimètres d'épaisseur qui, au lieu d'être rivés les uns aux autres, sont réunis par des manchons en fer, forgés et filetés à chacune de leurs extrémités.

Le trépan a la dimension nécessaire pour que le trou foré permette à la colonne de descendre immédiatement sans élargissement subséquent. Il ne pourrait donc pas passer dans la colonne. On le fait alors descendre attaché à la base de celle-ci; puis on descend la corde à l'intérieur; elle vient saisir la tête du trépan, on opère le battage à la manière ordinaire, on désaccroche le trépan et on remonte la corde d'une part, ce qui se fait très-vite, puis la colonne en divisant les tronçons. Au dernier se trouve attaché le trépan.

Pour opérer le curage, il faut alors redescendre la cuiller au moyen de la corde ou de tiges spéciales, si on le préfère, pour plus de sécurité. On a donc ainsi une manœuvre assez longue à effectuer pour opérer ce travail, et à ce point de vue, on n'a aucun avantage sur les tiges rigides. La supériorité sur celles-ci se trouve, pour les profondeurs , un peu plus grande ; on n'a plus cet énorme poids des tiges, si gênant avant que l'on eût inventé les coulisses à déclic, qui rendent les tiges complétement indépendantes de la chute de l'outil percuteur. De plus, la colonne creuse garantit les parois du trou pendant le battage, et empêche les éboulements qui peuvent être causés par le fouettement soit de la corde, soit même des tiges, si on les emploie. Enfin si la rupture de la corde a lieu, ou si une une masse solide tombe dans le trou , elle est retenue par les argots de tube, et on la remonte sans difficulté.

J'ai décrit, avec certains détails, le procédé chinois, ou plutôt les diverses tentatives qui ont été faites pour le rendre pratique et le mettre à l'abri de toutes causes d'accidents graves. On comprend les inconvénients que présentent les tiges dans les sondages profonds, lorsque la roche est assez dure pour ne pouvoir être attaquée que par le trépan. Il faut soulever toute la colonne des tiges portant à sa partie inférieure l'instrument foreur et la laisser retomber de plusieurs décimètres de haut. Elle doit nécessairement se briser fréquemment, et, en tout cas , elle est soumise à des mouvements de trépidation qui la détériorent elle-même et dégradent les parois du trou. Pour obvier à ces inconvénients, M. OEnhausen a imaginé la coulisse qui porte son nom, et qui a pour but de séparer le trépan des tiges qui le supportent, de façon que celles-ci étant équilibrées par un contre-poids restent toujours tendues, et servent seulement à relever le trépan.

Lorsque le choc a lieu, les tiges descendent encore un peu jusqu'à ce que leur vitesse soit annulée, puis remontent en ramassant le trépan qu'elles élèvent de nouveau. Ce mécanisme est très-simple et a rendu de grands services ; mais les sondeurs français ont construit des instruments encore plus parfaits ; ce sont ceux-là qui sont à l'Exposition et que nous allons étudier en détail.

Je décrirai simultanément les deux expositions de MM. Degousée et Laurent, et Saint-Just et Léon Dru, puis je parlerai séparément des appareils Kind et Chaudron, qui ont une destination un peu différente.

Les instruments d'un sondage peuvent se diviser en trois catégories :

1° Les outils qui travaillent au fond ;

2° Les engins placés à la surface du sol qui leur communiquent le mouvement ;

3° Les tiges servant d'intermédiaire entre ces deux systèmes.

Outils travaillant au fond.

Quelques terrains sont assez facilement attaquables pour qu'il suffise de cuillers et de taraudes pour opérer le forage ; ce sont celles qui sont exposées par MM. Degousée et Laurent ; leur usage se comprend à la simple vue de la figure. Les langues de serpent s'emploient dans les argiles compactes en les faisant alterner avec la tarière de même diamètre.

Les figures 3, 4, 5, 6, 7, 8 et 11 de la planche 115 montrent des variétés de cet outil.

La mèche ordinaire (pl. 150, fig. 12) et la mèche anglaise, moins contournée (pl. 115, fig. 34), remplissent le même résultat.

Les alésoires servent à régulariser ce trou lorsqu'il y a dans le terrain des plaquettes dures que le trépan n'attaque pas uniformément ; en employant un outil très-long, de 6 à 8 mètres, par exemple, on attaque à la fois plusieurs de ces parties saillantes, et on obtient la rectitude voulue.

L'alésoir à quatre branches (fig. 9, pl. 115) se compose de quatre tiges rectangulaires agissant par leurs angles et maintenues à un écartement convenable au moyen de deux rondelles de fonte. Deux plaques intermédiaires maintiennent ces tiges. On voit que c'est une espèce de lanterne qui rôde l'intérieur du trou, et qui, en remontant à la surface du sol, ramène dans son intérieur une grande quantité de déblais.

On remarquera que les quatre tiges qui fatiguent particulièrement ne sont pas soudées à l'appareil, et qu'elles peuvent, par conséquent, se remplacer avec la plus grande facilité.

Le *tire-bourre* (fig. 10, pl. 115) est destiné au retrait des cailloux roulés ou à celui des objets cassés. La partie qui fatigue le plus est la naissance de l'hélice sur la tige ; elle doit être particulièrement forte et bien construite.

Tous ces instruments agissent par rotation ; il suffit donc de les emmancher à l'extrémité de la sonde au moyen d'un pas de vis.

Mais la plupart des terrains demandent la percussion pour être entamés. Il faut alors avoir recours à la *chute* d'un trépan. Disons d'abord quelques mots des trépans eux-mêmes.

Les premiers trépans étaient de simples lames à biseau acéré.

Les fig. 12, 13, 14, 15 et 16 représentent des outils que le dessin explique suffisamment.

A ce genre d'outils se rattachent encore les casse-pierres, les bouchardes, bouchardes-alésoirs, etc.

Tous ces outils sont en acier de première qualité. On ne néglige rien pour leur donner toute la solidité possible. Il est très-important qu'un trépan qui en remplace un autre soit exactement de la même dimension que celui-ci. En effet, ces outils s'usent toujours un peu latéralement pendant le travail. Le trou qu'ils percent est donc légèrement conique. Un trépan plus petit aggraverait ce défaut. Un trépan plus large pourrait se coincer, ce qui serait un bien plus grave inconvénient. Aussi, pour plus de précision on le forge à chaud, un peu plus grand qu'il ne doit l'être, puis on l'ajuste à froid au moyen de la lime en le tenant néanmoins encore un peu juste, la trempe qui doit avoir lieu ayant pour effet d'en augmenter légèrement les dimensions.

Mais ce qu'il y a d'intéressant dans l'usage des trépans percuteurs, ce sont les moyens employés pour en rendre la chute indépendante du mouvement des tiges. J'ai déjà dit que la coulisse d'OEnhausen remplissait en partie ce but. Pour une profondeur qui ne dépasse pas 300 mètres elle peut rendre d'excellents services, mais au delà elle est insuffisante. Il faut avoir recours à un système radical dans lequel, à chaque oscillation du système de tiges au moment où elles atteignent le point culminant de leur course ascendante, le trépan se détache, tombe de tout son poids et doit s'accrocher par la colonne des tiges qu'elle descend à son tour.

Trois systèmes sont représentés à l'Exposition pour obtenir ce résultat :
1° Appareil à chute libre à point mort de MM. Degousée et Laurent ;
2° Appareil à chute libre à réaction de MM. Saint-Just et Léon Dru ;
3° Appareil de M. Kind avec appareil hydraulique.

Appareil à chute libre à point mort de MM. Degousée et Laurent. Le principe de ce système consiste en une tige glissant à frottement doux sur la coulisse, de telle sorte que par son poids elle reste toujours appuyée sur le fond du trou. Lorsque le trépan descend cette tige, il prend son point d'appui sur le fond du trou, et ce point d'appui lui permet d'opérer à son extrémité supérieure le décrochage du trépan qui tombe alors de tout son poids; les tiges de la sonde continuent alors à descendre, vont accrocher le trépan en remontant, n entraînent pas la tige morte qui se trouve ainsi toute disposée pour produire de nouveau la chute du trépan. Les fig. 17, 18, 19 et 20, pl. 115, représentent les appareils exposés par MM. Degousée et Laurent. La tige BB, BB', formant le point mort qui opère le décliquetage, est placée de côté. Elle est maintenue contre la maîtresse-tige par les bagues oo oo et par la glissière qui enveloppe au sommet la coulisse. Elle porte intérieurement deux renflements qui forcent les cliquets mm à s'ouvrir et à abandonner la tête k du trépan. La coulisse se visse sur une maîtresse-tige D, à laquelle on donne ainsi qu'au trépan T les dimensions nécessaires pour former tout le poids utile que l'on veut employer à la percussion. La hauteur de chute dépend de la distance qui existe entre les pinces et le chapeau de décliquetage au moment où le trépan et la petite tige additionnelle sont tous deux sur le fond. Pour faire varier cette hauteur de chute, il suffit donc de faire varier la longueur de cette tige; généralement on s'arrange de manière à ce que la chute soit de 30 à 35 centimètres.

Lorsqu'on descend la coulisse dans le forage, il pourrait arriver qu'un choc ou tout autre accident opérât le décliquetage; le trépan ne venant pas alors frapper le sol, toute sa force vive devrait être détruite par la coulisse elle-même et causer ainsi de graves dommages, sinon la rupture complète de l'appareil. Pour parer à cet accident, on emploie un taquet de sûreté JJ (fig. 19 et 20, pl. 115) placé sur la tige du poids mort et que l'on introduit par la mortaise I I' I'', derrière la branche supérieure d'un des crochets, pour les empêcher de s'ouvrir et de lâcher le trépan. Lorsque l'instrument arrive au fond, l'extrémité inférieure de la tige morte butte le fond du trou. Le trépan continue à descendre quelque temps encore, et c'est lui qui vient forcer le taquet à se dégager et à prendre une position verticale dans laquelle le maintient un ressort d'acier muni d'un petit bouton qui se loge dans un trou que le taquet porte à cet effet. Le décliquetage peut donc alors fonctionner sans entrave.

Appareils à chute libre automatique de MM. Saint-Just et Léon Dru. Les fig. 3, 4, 5 et 6 de la planche 120 représentent les appareils employés par cette maison.

Le trépan k se termine par une tige en traversant une glissière HH fixée aux maîtresses-tiges. L'extrémité B de cette tige du trépan se termine par un crochet retenu par le mors A pouvant tourner autour d'un axe O. (L'œil de cet axe est ovale, de sorte qu'il peut prendre un mouvement de bas en haut.) L'autre extrémité de ce bord vient buter contre un plan incliné C qui tend à faire décrocher le trépan, mais le mors est retenu par la pièce DD, lorsque le tout est en repos. Supposons le trépan encliqueté avec le mors, la bascule soulève la sonde; le choc qu'elle produit fait sauter l'axe du mors des œils ovales, il monte donc d'une petite quantité; son extrémité supérieure glissant sur le plan C, le décliquetage en B s'opère et le trépan tombe de toute la hauteur dont il a été élevé.

En redescendant le mors A pince le crochet B, enlève le trépan pour le lâcher de nouveau à l'instant où un second choc a lieu.

Primitivement MM. Dru avaient mis deux mors agissant symétriquement sur la pièce B; mais ils regardent comme assez avantageux d'en supprimer un; l'appareil est un peu plus simple, il y a moins de pièces, par conséquent moins de chance d'avoir des pièces défectueuses, ce qui est en effet un certain avantage pour ces appareils où le moindre accident entraîne souvent de si graves conséquences. D'un autre côté, le défaut de symétrie n'a-t-il pas ses inconvénients et de porte-t-il pas atteinte à la solidité de l'appareil? MM. Dru ne l'ont point remarqué, c'est tout ce que je puis dire.

Appareils de **M**. *Kind avec parachute hydraulique.* (Fig. 21 et 21, pl. 115.) Je ne dirai qu'un mot de ce système, très-connu d'ailleurs, dont la description se trouve dans tous les ouvrages spéciaux.

La tête du trépan est retenue au moyen d'un levier coudé à un disque de cuir horizontal glissant à frottement doux sur la maîtresse tige, de telle sorte que lorsque l'appareil descend, le disque faisant piston dans l'eau dont le trou est rempli tend à être soulevé; il agit alors sur le levier coudé qui fait manœuvrer les mors; ceux-ci s'écartent, le déclanchement a lieu et le trépan tombe d'une hauteur à peu près égale à celle de la course du balancier. Ce système est évidemment moins parfait que les deux autres. Il présentera surtout des inconvénients lorsque l'on opérera dans des terrains peu solides, des marnes ou des argiles par exemple; car alors les mouvements produits par cette espèce de piston pourront dégrader les parois du trou, produire dans quelques cas des éboulements ou au moins des irrégularités qui pourraient même, en quelques circonstances, empêcher le système de fonctionner.

Tels sont les principaux systèmes employés pour opérer le décliquetage du trépan et rendre sa chute indépendante de celle des tiges. Avant de passer à la description de ces tiges elles-mêmes et des machines qui les font mouvoir, j'ai encore à parler de quelques appareils agissant au fond du trou.

Lorsque l'on fait un sondage dans un but de recherche, il importe d'avoir des indications aussi précises que possible sur la nature des couches où l'on se trouve.

Il y a longtemps que l'on a cherché à retirer ainsi du trou des échantillons précis de la couche que l'on perfore. M. Evrard, professeur à Valencienne, a inventé un système (voir pour plus de détails la Notice de M. Evrard publiée dans les *Annales des Mines*, t. 28, 1840, p. 53).

M. Evrard emploie un trépan de quatre lames placées aux quatre extrémités de deux diamètres. En forant au moyen de ce trépan, on découpe une colonne annulaire dont le centre est formé par le témoin que l'on détache du sol en imprimant à la colonne un mouvement de trépidation et que l'on remonte à la surface comme l'on peut; ce témoin, qui d'abord est de dimensions fort restreintes, donne bien des indications sur la nature et l'inclinaison des couches, mais pas sur leur direction. Pour obtenir ce dernier résultat, M. Evrard avait imaginé de descendre, avant la formation du témoin, une lame dont la direction était connue et qui imprimait à la face supérieure un trait qui servait à replacer celui-ci dans sa vraie position.

La manœuvre des outils de M. Evrard était difficile; on ne pouvait guère attaquer ainsi que des terrains tendres, on n'avait que des témoins de petites dimensions et on manquait souvent son affaire.

Voici les nouveaux appareils exposés par MM. Degousée et Laurent, qui permettent d'extraire d'une façon courante de 50 ou 60 cent. de hauteur dans des terrains quelconques, en les ramenant au sol exactement dans la position qu'ils occupaient au fond du trou.

L'appareil découpeur (fig. 2, pl. 150) se compose d'une tête A terminée par quatre branches verticales BBBB, dont les quatre extrémités percées d'un trou $0^m.02$ à $0^m.03$ reçoivent les tenons DDDD de quatre ciseaux CCCC. Les quatre branches réunies à leurs ciseaux par les tenons sont solidement assujetties entre deux tuyaux concentriques en tôle forte au moyen de rivets *ttttt*. Ces branches ainsi parfaitement maintenues peuvent avoir une longueur très-considérable ce qui permet d'obtenir des témoins longs à proportion. Dans l'instrument qui se trouve à l'Exposition, la longueur est de 1m.30, ce qui permet d'extraire des boudins de près de 1 mètre de longueur, dimension parfaitement suffisante. MM. Degousée ont opéré avec un appareil de 2 mètres de longueur et retiraient des boudins qui avaient jusqu'à 1m.60 ; mais c'est plus délicat et parfaitement inutile. Pour le détacher du fond du trou et le remonter au sol on emploie l'emporte-pièce (fig. 3, pl. 150). Il se compose d'un tuyau *tt* réuni dans toute sa hauteur à une fourche ABB, dont l'une des branches reçoit au moyen de boulons *ee* une bande *cc* de fer plat de même longueur qu'elle ; cette bande fait ressort. Un coin D, dont la partie supérieure est amincie, porte une rainure ou coulisse *k* destinée à se mouvoir entre la bande de fer et la branche de fourche. Des goujons *hhh* sont rivés au tuyau et pénètrent dans des trous percés dans la bande de fer, mais n'y sont pas fixés. Ils sont destinés d'une part à guider la tige de fer et à empêcher de tomber le coin D.

Des ressorts S R placés à l'intérieur sont destinés à pincer le témoin et à l'enlever lorsque l'appareil remontera.

Le jeu de cet appareil est facile à comprendre : on le descend dans le trou, le coin étant en dehors de la lame, puis lorsque l'on est arrivé à quelques centimètres du fond du trou on lâche tout ; le coin pénètre entre les parois du tube et la lame, celle-ci cède, exerce en porte-à-faux sur le témoin qui se trouve ainsi détaché à sa base et serré par les ressorts. Il s'agit de le rencontrer dans la position qu'il occupe. Pour cela on a tracé dans l'atelier une direction fixe : celle du nord magnétique, par exemple, qui est facile à retrouver. On fixe sur la première tige de la sonde une alidade dans cette direction fixe, puis, lorsqu'elle est montée et que la suivante arrive au jour, avant de dévisser la première on place sur celle-ci une seconde alidade parallèle à la première et ainsi de suite ; il suffit alors de ramener la dernière alidade dans la direction N. S. magnétique pour que le témoin se trouve orienté.

On peut avoir affaire à des alternances de grès assez dur et de schistes extrêmement mous, de telle sorte que le témoin précédent, qui en fin de compte est soumis à beaucoup de manipulations avant d'arriver au jour, se désagrége en s'exfoliant avant de pouvoir être examiné. Voici le moyen employé dans ce cas : on attaquera (fig. 4 et 5, pl. 150) la roche avec le trépan au plus petit numéro en le guidant au moyen d'une lame de fer, de façon à ce qu'il fasse son trou aussi exactement que possible au centre du trou précédent. On fera ainsi un trou de 80 centimètres à 1 mètre dans la roche dure, puis on nettoiera la surface de cette roche avec de petites tarières, de façon à mettre la surface du grès à nu sans l'entailler. On descendra alors un trépan horizontal muni à son centre d'une tige qui pénétrera dans le petit trou central, de façon à bien guider ce trépan. Il est évident alors qu'en imprimant quelques mouvements à ce trépan, son taillant finira par s'appliquer sur l'horizontale de la couche et ce sera la position dans laquelle il sera stable. On pourra donc avoir assez exactement la position de cette horizontale. Le sens de l'inclinaison de la couche se cherchera au moyen d'un trépan à biseau très-oblique, en voyant s'il monte ou descend en tournant dans un sens déterminé. On peut même avoir ainsi la valeur de cette inclinaison en cherchant la quantité dont il descend, en passant de son point le plus haut au point le plus bas ; mais il ne faut pas se dissimuler que cette estimation ne peut être que très-approximative. Il peut arriver qu'après avoir fait un sondage on désire étudier de nouveau une couche placée à une certaine hauteur dans le trou, mais que l'on a dépassée depuis longtemps : on emploie pour cela des appareils que représentent les figures 1 et 1 *bis* de la planche 150.

Dans l'un d'eux on remarquera les deux petits crochets *mm*, qui peuvent à un moment donné sortir de cavités dans lesquelles ils sont logés pendant la descente de l'appareil et râcler la couche dont les débris tombent dans un réservoir placé au-dessous. Lorsque la couche est un peu épaisse et intercalée entre des couches de grès très-dur, on peut même, au moyen de mouvements analogues à ceux dont je parlais tout à l'heure, en déterminer l'épaisseur et les autres éléments ; mais ceci devient de plus en plus délicat.

Je ne m'appesantirai pas sur les différents outils accessoires qui servent à raccrocher les tiges, les morceaux de trépan, etc., qui peuvent se trouver dans un trou de sonde, la caracole, les cloches à vis, les pinces de toute nature, etc., les cloches à galets ou à claquets, les crochets, les gueules de brochets, les pinces à encliquetage, etc., etc.

Instruments de vidange et de nettoyage.

Je serai également bref sur ces instruments.

Pour retirer les débris des roches ou les sables suffisamment fluides, on emploie des tuyaux munis de soupapes planes. Le diamètre de ces tuyaux est à peu près égal à celui du trou ; quant à leur hauteur, elle varie suivant la quantité de déblais que l'on a retirés. Quand on trépane une roche très-dure, où l'on n'avance que de 10 à 15 centimètres à chaque voyage du trépan, il suffit d'avoir une hauteur de $0^m.80$ à 1^m ; mais si le trépan avance de 1 mètre de plus, il est alors nécessaire d'avoir des tuyaux de 2 ou 3 mètres et même plus.

Les fig. 3, 4, 5, 6 et 7, pl. 115, représentent un assortiment de ces instruments.

On voit qu'ils sont tous terminés à leur partie inférieure par une sorte de taraude qui facilite l'entrée des détritus dans le tuyau ; quelquefois certains sables ont beaucoup de peine à pénétrer ; ainsi à travers les soupapes il faut imprimer des mouvements de rotation très-rapides.

Quand au contraire ils pénètrent sans difficulté, on peut employer la soupape à boulets munie de corde ce qui donne toujours une économie de temps.

M. Guibal pense que pour les sables difficiles il y a avantage à placer la soupape à 25 ou 30 centim. au-dessus du fond du tuyau ; en agitant celui-ci dans le trou, il fait piston, les sables s'amassent sous la soupape et pénètrent en plus grande abondance dans le tuyau.

Je reviendrai d'ailleurs avec quelques détails sur la manière de forer des trous dans le sable. Quand je parlerai des sondages faits dans le Sahara algérien, la disposition des tiges de sonde a une importance tout à fait capitale dans un sondage.

Les premières tiges que l'on employait étaient à enfourchement ; cette disposition, qui se comprend à la simple vue de la fig. 30, pl. 115, a de très-nombreux inconvénients. Au bout de très-peu de temps, les emmanchements prennent du jeu, les trous de boulons s'agrandissent eux-mêmes, se cisaillent et la sonde est sujette à des ruptures extrêmement fâcheuses. On a donc tout avantage à employer des sondes à vis. Seulement on ne peut alors opérer par rotation que dans un seul sens et dans quelques cas. Lorsque l'on a à faire des travaux exceptionnels au fond du trou, les sondes à enfourchement ont bien aussi leurs avantages. On a employé aussi les sondes creuses (fig. 31, Pl. 115).

Enfin, au sondage du puits de Passy, M. Kind, afin de diminuer le poids de la sonde et de le rendre pour ainsi dire nul lorsqu'il était dans l'eau, a employé des tiges en sapin frettées de fer (fig. 32, pl. 115).

Il me reste enfin à dire quelques mots des appareils placés à la surface du sol et destinés tant à produire le battage qu'à manœuvrer les sondes.

Lorsque le sondage ne doit pas être profond, les appareils destinés à produire
le battage sont des espèces de sonnettes mues à la main. On employait jadis une
crémaillère s'engrenant sur une roue qui ne portait des dents que sur une partie
de sa circonférence, de sorte que, lorsque la dernière dent de la crémaillère arrivait en face de la partie vide de dents, la sonde retombait, puis la crémaillère
était engrenée de nouveau et ainsi de suite. On comprend quels inconvénients
avait un semblable procédé. Plus tard on l'a remplacé par un système d'embrayage et de débrayage à volonté qui permettait de tourner une roue toujours
dans le même sens et néanmoins, à certains moments, de lâcher la sonde.

Quant aux engins destinés à retirer les sondes, ils se composent essentiellement d'une chaîne supportant une poulie à sa partie supérieure. Une chaîne
passant sur cette poulie s'enroule sur un treuil mû à la main. Lorsque l'on élève
la sonde de la longueur d'une tige, on arrête le treuil, on dévisse la tige, etc.
Je ne m'arrête pas sur les détails de l'opération, mais lorsque les travaux sont
très-importants on a recours à la vapeur.

Les deux maisons Degousée et Laurent, et Saint-Just et Léon Dru ont exposé
des petits modèles parfaitement exécutés des machines qu'ils emploient dans
deux sondages importants actuellement en cours d'exécution.

Tubages. Une opération extrêmement importante des sondages est le tubage.

On distingue deux sortes de tubes : les tuyaux dits de retenue qui ont pour
but d'empêcher l'éboulement des terres dans le trou, et le tubage définitif que
l'on ne place que dans les puits artésiens, et qui a pour but la conservation indéfinie du puits et la pureté des eaux qui en sortent. Les colonnes de retenue
se font généralement en tôle. On pourrait aussi les faire en fonte, ce serait plus
économique comme matière; mais pour les trous de petit diamètre on perdrait
une fraction trop considérable de la largeur du trou et même pour les trous de
1^m ou $1^m.50$, on préfère la tôle qui est plus facile à manier, dont on peut être
plus sûr de la bonne qualité, qui se prête mieux aux assemblages et qui a toujours l'avantage d'occuper un peu moins de place. Il n'y a donc que pour les
grands cuvelages de 4 ou 5 mètres, dont je parlerai tout à l'heure, que la fonte
est employée.

Quant à l'épaisseur qu'il convient de leur donner, c'est là une question extrêmement délicate. S'ils étaient immergés dans un liquide homogène, une formule
mathématique assez simple donnerait lieu à une profondeur déterminée en
fonction du diamètre; mais les témoins sont loin de pouvoir être identifiés ainsi
à un liquide homogène. Il y a quelquefois des terrains argileux qui ont une tendance au foisonnement et qui exercent une pression extraordinaire. Il ne faut
donc pas craindre dans ce cas de donner à la tôle une épaisseur exagérée.

Lorsque le diamètre est assez petit on assemble les tuyaux au moyen d'un pas
de vis; mais pour les diamètres un peu considérables on a recours au rivetage
ou dans quelques cas au boulonnage; la manœuvre est dans ce cas un peu plus
longue et difficile, mais avec un peu d'habitude les ouvriers arrivent à la faire
très-régulièrement et sans embarras. On s'arrange autant que possible pour que
les colonnes de retenues soient libres dans l'intérieur du trou. Pour cela on leur
donne de temps en temps de légers mouvements.

La fabrication de ces tubes constitue une industrie spéciale ; il s'en trouvait
à l'Exposition de remarquables spécimens.

On a essayé de tôles galvanisées ou plombées, mais on y a renoncé.

Lorsqu'il s'agit d'un puits artésien, on introduit après l'achèvement complet
du travail une colonne de tuyaux qui doit amener les eaux au jour. On a quelquefois employé le bois. On sait, en effet, que cette matière complétement im-

mergée dans l'eau se conserve indéfiniment. On a donc une colonne solide, peu coûteuse et d'un long usage, malheureusement à parois très-épaisses et occupant beaucoup de place.

Le cuivre est juste l'opposé du bois, quant au prix et à l'épaisseur qu'on est obligé de lui donner. D'ailleurs, comme solidité et durée ils s'équivalent. Pourtant il ne faut placer la colonne de tuyaux de cuivre que lorsque le travail du trépan est complétement terminé, car ces tubes minces de cuivre seraient immédiatement détériorés par les chocs des tiges, etc.

Le fer ne convient pas, sa durée n'est pas suffisante. Pourtant lorsque les eaux sont sulfureuses il vaut encore mieux employer le fer que le cuivre.

Le zinc pourrait dans ce cas présenter des avantages sérieux.

Les eaux qui s'élèvent dans la colonne d'ascension d'un puits artésien filtrent avant d'arriver à la base du tube à travers des sables ou des graviers qui gênent considérablement son mouvement ; on ne peut donc pas regarder ce tube comme plongeant dans une nappe d'eau indéfinie, et on s'exposerait à de très-graves mécomptes si on pensait augmenter le débit proportionnellement à la section du conduit. En général, en augmentant cette section, le débit s'accroîtra jusqu'à une certaine limite qui souvent ne dépassera pas beaucoup le détail obtenu avec un tube de 10, 15 ou 20 centimètres. La même remarque s'applique au forage dans un espace limité d'un grand nombre de puits. Après un nombre très-limité d'ouvertures, le débit total cesse d'augmenter sensiblement.

Lorsque la vitesse de l'eau, dans la colonne d'ascension, est trop faible, il arrive quelquefois que le courant d'eau n'a pas la force d'entraîner les sables qui arrivent à la base, et que ceux-ci finissent par en obstruer l'ouverture. Pour la dégager, il faut momentanément augmenter la vitesse ascensionnelle de la colonne liquide.

Si le réservoir supérieur est-au-dessus du niveau du sol, en faisant un trou dans la colonne, près du sol, l'eau s'écoule par cet orifice ; la charge que supportait la colonne liquide se trouve diminuée, et sa vitesse augmentant, elle peut entraîner les sables. Si le réservoir est au niveau même du sol, on introduit dans le tube une pompe aspirante dont la manœuvre active produit le même résultat. Dans les deux cas, il ne faut pas faire agir ni faire cesser le remède trop brusquement ; on pourrait ainsi produire des perturbations dans le sol très-dommageables. MM. Degousée et Laurent pensent qu'il n'y a pas en Europe de nappe d'eau qui ne puisse avoir son écoulement convenable à travers une colonne d'ascension de 0.^{m}20 à 0^m.25.

Lorsque l'on a à traverser des alluvions tout à fait fluides, on enfonce la colonne par pression. Le mouton peut servir dans certains cas; mais son action est fort limitée. Les vis de pression ont une action beaucoup plus énergique, surtout en y joignant de petits chocs, souvent même pour enfoncer les colonnes de retenues.

On a quelquefois à traverser une certaine longueur de terrains ébouleux, situés à une profondeur assez considérable, tandis que le reste du terrain est solide et ne nécessiterait nullement un tubage.

Pour économiser une longueur de tuyaux assez considérable, on cherche à tuber seulement cette portion du trou, c'est ce que l'on appelle un tubage en colonne perdue; on descend alors la fraction de tubage qu'il faut placer en la fixant à l'extrémité de la sonde par un mouvement de baïonnette. On peut la désaccrocher ainsi assez facilement lorsqu'elle est arrivée à un niveau convenable ; mais la manœuvre est très-difficile : tantôt on laisse tomber la colonne avant d'être arrivée au point voulu, tantôt on la remonte avec les outils, croyant l'avoir décrochée, car son poids est généralement une fraction minime du poids des sondes, de sorte que l'on ne s'aperçoit pas qu'on la remonte ; enfin on n'a aucun moyen d'agir sur elle en cas d'accidents. La grande difficulté des tubages réside dans le passage des sables argileux à un des endroits précisément où il est le plus utile de tuber.

Les sables argileux se passent encore assez bien, seulement ils sont un peu collants ; mais avec une pression suffisante, on peut faire descendre la colonne dans le trou fait d'avance.

Mais les sables fluides sont excessivement difficiles. On ne peut pas faire le trou d'avance. On ne peut pas non plus enfoncer la colonne dans ces sables, il n'y a qu'un soupapage actif qui permette de surmonter la difficulté.

M. Fauvelle a proposé, pour traverser ces sables, d'employer des sondes creuses à travers lesquelles il injecte un courant d'eau aussi énergique que possible. Ce courant liquide entraîne le sable en abondance.

Outils élargisseurs.

Lorsqu'on a introduit une colonne de tubes destinés à traverser des sables mouvants ou tout autres, cette colonne s'arrête forcément lorsque ces sables étant traversés on retrouve le terrain dur qui doit être traversé à coups de trépan ; car alors ces instruments ne peuvent forer un trou d'un diamètre supérieur au diamètre intérieur de la première colonne. Celle-ci se trouve appuyée sur un soc de rochers qu'elle ne peut en général faire ébouler pour pénétrer plus avant. Si au bout de 50 mètres, je suppose, on rencontre de nouveaux sables nécessitant le tubage, on se trouve dans la nécessité ou d'employer une seconde colonne complète depuis la surface du sol jusqu'à la difficulté, ou de forer la première colonne à descendre. Ce dernier parti est le moins coûteux. On y arrive en employant des outils élargisseurs qui sous-cavent sous la colonne le rocher sur lequel elle s'appuyait, et la forcent à descendre les élargisseurs de deux sortes : les élargisseurs mus par rotation et ceux mus par percussion.

Comme élargisseurs mus par rotation, je citerai les pattes d'écrevisse (pl. 150, fig. 6). Les deux lames CD se maintiennent écartées par l'action du ressort PSK. En descendant dans la colonne, elles glissent le long des tubes ; arrivées contre le rocher, elles le pressent, et en tournant l'instrument, on produit un rodage.

On emploie aussi des coracoles à charnières. Un ressort maintient la lame ouverte et produit le rodage.

Comme d'ailleurs ce n'est tout à fait que la partie inférieure de l'appareil qui a une dimension supérieure au diamètre intérieur de la première colonne, qu'il est, pour ainsi dire, taillé en biseau, lorsqu'on veut le retirer, il pénètre facilement et se ferme de lui-même.

Dans l'outil représenté fig. 10, pl. 150, on a supprimé le ressort ; la lame s'ouvrant parfaitement d'elle-même, et de plus, on a donné une grande longueur à la lame directrice Bc, de telle sorte que celle-ci, restant engagée dans le tuyau, l'outil rodeur c n'aille pas trop loin et n'élargisse pas inutilement le trou, ce qui arrive lorsque, l'outil n'étant pas guidé, une légère inflexion des tiges peut le conduire à tourner en dehors de son axe. Par cette disposition, on obvie à cet inconvénient. Il faut seulement faire suivre constamment la première colonne de garantie, à mesure que l'on a préparé une longueur égale à la lame Bc, ce qui ne présente aucun inconvénient. Deux tiges arquées, comme le représente la figure 11, pl. 150, peuvent encore servir d'outil élargisseur.

Enfin la figure 3, pl. 115, représente un élargisseur qui a rendu de grands services sous le nom d'excentrique Ribet.

On voit à l'inspection de la figure qu'il ne diffère guère de celui décrit précédemment, qu'en ce que le guidage se fait au moyen d'un cylindre au lieu de se faire au moyen d'une simple lame. Lorsque l'on se propose simplement d'élargir le trou, on place l'outil rodeur à la base M.

Mais si l'on se propose de recueillir des échantillons d'une couche que l'on aurait dépassée, on le placerait à la partie supérieure en N.

On peut aussi employer des outils élargisseurs par percussion. Ils sont fondés sur des principes analogues. On peut du reste, pour ainsi dire, varier indéfiniment la disposition de ces outils.

Arrachement des colonnes de garantie.

Lorsqu'un sondage est terminé, les colonnes qu'on y a introduites deviennent parfaitement inutiles, soit qu'on ait foré un puits artésien, auquel cas on devra placer une colonne définitive, soit qu'on ait eu simplement pour but des recherches, et alors, au bout de peu de temps, on n'a plus intérêt à conserver et à entretenir le forage. Pour arracher les colonnes de garantie, on exerce des tractions à leur partie supérieure, ou des pressions à leur base ; et de plus, on peut exercer sur elles des efforts de torsion et d'ébranlements qui facilitent le dégagement. La combinaison de tous ces moyens n'est, la plupart du temps, pas inutile, et souvent même est insuffisante. Il faut alors couper le tube par fractions, et opérer sur chacune d'elles isolément.

Les endroits où l'on doit ainsi couper les colonnes doivent être choisis avec discernement ; on comprend, par exemple, que si les 100 premiers mètres sont dans un terrain solide n'exerçant aucune pression sur la colonne, il serait complétement inutile de faire une section à 80 mètres, etc. Les outils coupe-tuyaux et arrache-tuyaux n'ont subi depuis assez longtemps aucune modification importante ; je ne m'y arrêterai donc pas.

Bétonnage. — Dans les puits artésiens, lorsque l'on a retiré les colonnes de garantie il y a entre le tube d'ascension et la paroi de rocher un espace annulaire que l'on remplit de béton. Un bon bétonnage serait évidemment une chose très-importante, malheureusement on ne peut pour ainsi dire avoir aucun indice sur du béton qui a traversé 5 ou 600 mètres d'eau dans un espace aussi petit.

Il faut employer de très-bons ciments aussi lourds que possible, et les mélanger avec des matériaux fins et d'une densité à peu près égale à celle du ciment employé autant que cela est possible. Ainsi des ciments de Portland mélangés avec des sables lavés donnent de bons résultats. De la pouzzolane de Rouen triturée avec de la chaux, convient aussi parfaitement. Quelquefois au lieu de béton on emploie simplement l'argile. Il est évident qu'on ne peut obtenir d'aussi bons résultats.

MM. Charles et Villepigne ont exposé une glissière dont voici la description. Cette glissière dite tubulaire se compose (fig. 1 et 2, pl. 120) :

1° D'un cylindre creux A sur lequel se trouvent deux rainures B terminées chacune par deux entailles C. Ce cylindre se visse sur la tige de la sonde ;

2° D'un piston E terminé d'un côté par un pas de vis femelle F s'adaptant à l'outil percuteur et de l'autre par un emmanchement mâle G. Ce piston est traversé près de son extrémité supérieure par une clavette H.

Dans le dessin la glissière est représentée avec l'outil accroché. Le trépan étant élevé à la hauteur voulue pour la chute, pour opérer le déclic il suffit d'imprimer aux tiges un simple mouvement à droite. Par ce mouvement, la clavette quitte le siége des entailles où elle repose et entre dans les rainures où elle glisse librement.

Le raccrochement se fait de lui-même ; il suffit pour cela de faire descendre les tiges, la clavette vient glisser sur le plan incliné des entailles et reprend sa position sur le siége.

La clavette est fixée au piston par une goupille que l'on place à l'aide d'un trou I pratiqué dans l'épaisseur du cylindre. Le pas de vis mâle qui termine le piston sert à le reprendre dans le cas où la clavette viendrait à casser ou à s'échapper. Les entailles inférieures du cylindre sont destinées à tenir le piston fixe lorsque le trépan vient à s'accrocher pendant la descente.

J'ai achevé de passer en revue ce qui touche aux sondages ordinaires.

Il convient de remarquer que l'art du sondage n'est pas de ceux qui font des progrès rapides, et dans lesquels les inventions se succédant à intervalles rapprochés modifient de tout en tout les méthodes suivies et les résultats obtenus. C'est plutôt par des perfectionnements de détail qu'il progresse, mais c'est surtout par le soin apporté à la construction des appareils et l'étude minutieuse de tous leurs détails, qu'il a été porté au haut degré de perfection où il se trouve aujourd'hui.

Sondage à grand diamètre.

Pendant longtemps on n'a fait des trous de sonde que de 25 à 30 ou 50 centimètres au plus.

Le passage de terrains aquifères pour les avaleresses de mines ont engagé les ingénieurs à chercher le moyen de forer des trous de plusieurs mètres de diamètre sans être obligé d'épuiser, ainsi que cela se pratique ordinairement lors du fonçage d'un puits d'extraction.

Dès 1830, Lauguaire Souligné proposait une méthode pour percer ainsi des trous à grande section, et Arago, consulté sur la possibilité d'une pareille entreprise, répondit : « Je demande seulement à voir la forge où se feront les outils. »

C'est qu'en effet pendant fort longtemps ce furent les difficultés d'exécution matérielle bien plus que l'invention des procédés qui arrêtèrent ces genres de travaux, mais aujourd'hui les diverses branches de la métallurgie et de la construction ont fait des progrès qui permettent d'aborder des travaux auxquels on ne pouvait pas songer il y a 40 ans.

Du reste, si les fonçages à très-grands diamètres pour puits de mine ont été entrepris et menés à bonne fin par MM. Kind et Chaudron, le forage de puits artésiens à très-grande profondeur a pu aussi accroître considérablement leur section. Ainsi MM. Dru font à la Butte-aux-Cailles, pour la Ville de Paris, un puits artésien destiné à traverser les sables verts et à atteindre à une profondeur de 8 à 900 mètres les calcaires de Portland. Ce forage a actuellement la profondeur de 160 mètres, et est percé au diamètre de $1^m,20$. J'ai déjà signalé l'installation générale de ce travail. Arrivons aux fonçages à grand diamètre.

M. Triger, ingénieur des mines, avait eu l'idée pour passer ainsi les terrains aquifères d'employer l'air comprimé. Je ne ferai ici qu'en indiquer le principe ; il a été décrit avec grands détails dans plusieurs mémoires. Imaginons un cylindre en tôle fermé à sa partie supérieure et s'enfonçant d'une certaine profondeur dans les terrains aquifères. Si on comprime de l'air dans ce cylindre, on finira par en chasser complétement l'eau lorsque la pression de l'air fera équilibre à la colonne d'eau comprise entre le niveau supérieur du liquide et la base du cylindre. Dès lors les ouvriers pourront pénétrer dans ce tube, en retirer des déblais et faciliter ainsi la descente. Pour l'introduction des ouvriers et la sortie des déblais, il suffit de disposer à la partie supérieure une chambre ou dos à ais communiquant tantôt avec l'atmosphère, tantôt avec la partie inférieure du cylindre, et n'ouvrant d'ailleurs la communication avec l'une ou l'autre de ces régions que lorsque l'équilibre atmosphérique a été établi.

Quand on s'enfonce ainsi dans les terrains aquifères, ceux-ci opposent toujours aux mouvements de l'eau certaine résistance, qui fait qu'en réalité il n'est pas nécessaire d'avoir une pression aussi considérable que l'indiqueraient les lois de la statique. Pour profiter de cet avantage, il faut disposer au fond du cylindre une sorte de cuvette dans laquelle se rendent les eaux qui filtrent à travers les sables. Dans cette cuvette plonge un tube qui traverse tout le cylindre de tôle et débouche à l'air libre. L'air comprimé dans l'intérieur du cylindre chasse l'eau à travers ce tube, et comme son diamètre est plus que suffisant pour donner passage à toute l'eau qui arrive, l'air pénètre en même temps et la pression de l'air n'a en définitive à faire équilibre qu'à un mélange d'eau et d'air d'une densité beaucoup moindre que celle de l'eau, et par conséquent sa pression a besoin d'être beaucoup moins forte.

On comprend que ce procédé puisse donner des résultats satisfaisants pour des profondeurs qui ne sont pas trop considérables; mais au delà il devient excessivement difficile de l'appliquer, d'abord à cause de la grande pression de l'air dans laquelle les ouvriers sont obligés de travailler; ensuite cette pression peut avoir, sur la résistance des appareils, des résultats tout à fait fâcheux. Ainsi j'ai vu en Westphalie un appareil de ce genre, installé pour traverser les alluvions du Rhin, et qui avait fait explosion en causant d'immenses dommages.

Le premier appareil dont se servit M. Triger fit aussi explosion. Quoi qu'on en dise, ce danger sera toujours à craindre. Néanmoins il a été assez employé, principalement en Belgique. J'ai vu un grand nombre de puits percés au milieu d'alluvions qui avaient été traversés par ce procédé.

C'est surtout pour établir les fondations des piles de pont qu'il a donné de bons résultats, en permettant de maçonner directement les bases de ces piles, ne se contentant pas d'immerger des blocs de maçonnerie ou autres matériaux, comme on le fait dans la plupart des autres procédés.

Dans le procédé de MM. Kind et Chaudron, on se proposa de traverser des terrains aquifères, sans chercher à épuiser les eaux, en un mot à *niveau plein*.

L'opération a donc la plus grande analogie avec celle d'un sondage, seulement sur des proportions beaucoup plus considérables. Ce procédé a été décrit avec soin dans plusieurs notices.

Comme les appareils se trouvent au Champ de Mars d'une façon très-complète, j'entrerai ici dans quelques détails. Je prendrai pour type le travail fait au puits de la houillère l'Hôpital, dans la Moselle.

Le puits se fait en deux fois : on fore d'abord un puits central de $1^m,37$ de diamètre; puis on l'agrandit jusqu'à la dimension voulue de $4^m,20$. On doit donc avoir deux séries d'outils relatives à ces deux diamètres.

Mais les débris du second forage tombant dans le premier, c'est seulement dans celui-ci que se fait le curage, et, par conséquent, on n'a pas besoin d'outil cuveur de grande dimension.

Trépans. — Pour le forage du petit trou, on peut employer deux trépans différents, suivant la dureté des terrains (fig. 8 et 8 *bis*, 9 et 9 *bis*, pl. 150).

1° Un trépan à fourche, du poids de 2000 kilogrammes. La lame placée à la base de la fourche porte des dents en fer aciéré ou en acier fondu.

Des clavettes réunissent les dents à la lame, et celle-ci à la fourche par des boulons

deux bras en fer surmontés d'une tige centrale, qui s'adapte, par l'intermédiaire
de la coulisse, à l'appareil de suspension de la sonde. Ce petit trépan donne de
bons résultats dans des terrains tendres. On peut lui donner un poids plus consi
dérable, et alors l'appliquer à des terrains plus durs; mais quand il s'agit de
rocher tout à fait dur, il faut employer le petit trépan massif. On supprime ainsi
les assemblages de la lame à la fourche, et on donne beaucoup de poids et de solidité à tout l'ensemble. Les dents sont assemblées sur cette masse de fer au
moyen de clavettes que l'on s'est attaché à rendre excessivement solides. Des dents
pèsent 30 à 32 kilogrammes.

On a remplacé l'assemblage à vis, qui unit ordinairement le trépan à la coulisse, par un assemblage à clavette beaucoup plus commode à manier et plus
solide.

Enfin, pour donner au trou les dimensions définitives de 4^m,20, on employait
le grand trépan à fourche de cette dimension. On conçoit que, pour un trépan de
semblables dimensions, on ne puisse employer de trépan plein, il faut avoir
recours au système de fourche. Seulement pour lui donner plus de solidité, ce
trépan pèse 14,000 kilogrammes. On a apporté à sa construction tous les soins
possibles; on s'est surtout attaché à donner une solidité extrême aux assemblages et un poids considérable aux parties inférieures de l'appareil.

M. Kind s'est fait breveter pour une série de trépans qui n'ont pas encore
fonctionné, mais qui sont construits d'après tous les principes que lui a suggérés
son expérience. Ces trépans figuraient à l'Exposition. M. Kind pense que pour
forer un trou de 4 mètres de diamètre, ce qu'il y a de mieux dans l'immense
majorité des cas, c'est de procéder en trois fois : on doit commencer par employer un outil de 0,80 à 1 mètre de diamètre; puis on élargit à 2^m,50, puis
enfin on prend le grand outil de 4^m,20.

Lorsque le terrain est assez tendre pour que l'on procède simplement en deux
fois, on opère d'abord avec un trépan de 1^m,50; puis on élargit immédiatement
avec le trépan de 4^m,20.

Quelle que soit la succession des trépans que l'on emploie pour passer d'un
diamètre au diamètre supérieur, il suffit de placer dans le trou central la cuiller
de draguage représentée fig. 7, pl. 150. Elle est de forme légèrement conique, et
armée de quatre bras formant parachute qui, en s'écartant, pénètrent dans les
parois du petit puits, où on la descend. Les fragments de la roche que l'on désagrége, et même les portions d'instruments qui peuvent se détacher du trépan,
tels que dents, clavettes ou boulons, tombent immédiatement dans la cuiller, et
sont retirés ainsi sans aucune difficultés.

Quoique je ne traite ici la question du fonçage des puits de mine que comme
une annexe à celle des forages, et que, par conséquent, il ne rentre pas dans mon
programme, déjà suffisamment étendu, de traiter avec les questions de muraillements, etc., je croirais ne pas donner une idée suffisamment exacte de la méthode de M. Kind, si je ne parlais pas de ses procédés de cuvelage et de sa boîte
à mousse.

Le cuvelage est composé de tronçons annulaires en fonte. On doit apporter le
plus grand soin à leur confection. Le succès du cuvelage dépend en grande
partie de leur solidité. Les fondeurs ont d'abord eu une extrême répugnance
à entreprendre ces pièces exceptionnelles. Lors du fonçage du puits de Saint-
Waast, la forge qui avait accepté la commande ne réussit pas tout d'abord, et
finalement ne put livrer les pièces voulues dans le délai déterminé. Le puits
étant complétement foré et le cuvelage ne pouvant subir de retard, on dut
achever au moyen d'un cuvelage en tôle. Mais depuis, l'art de la fonderie a fait
des progrès, et le magnifique segment de cuvelage qui est à l'Exposition témoigne

au moins de la possibilité de produire de semblables pièces. La fonte doit être de seconde fusion, à grain fin. Il ne doit y avoir ni soufflure ni gravelure.

Les deux collets supérieurs ou inférieurs sont aplanis au tour, de façon à se joindre bien exactement au moyen de boulons parfaitement espacés. Il faut naturellement que les trous des deux segments se correspondent avec une exactitude parfaite. L'épaisseur du cuvelage doit varier avec la pression et le diamètre. M. Kind la calcule par la formule

$$E = 0^m,02 + \frac{RP}{500}$$

dans laquelle R représente le rayon et P la pression.

La constante 0,02 peut être diminuée dans les grandes profondeurs.

La résistance à l'écrasement de ces pièces est très-considérable. Une d'elles, qui avait 25 millimètres d'épaisseur, a parfaitement résisté à une pression extérieure de 37 atmosphères.

Les tronçons portent généralement des nervures horizontales entre les deux collets, de manière à les renforcer encore.

Lorsque le cuvelage a été descendu par la manœuvre que nous verrons tout à l'heure jusqu'au rocher solide et non aquifère, il faut placer à cet endroit une trousse qui a pour objet d'arrêter les eaux des terrains supérieurs.

Au lieu des anciennes trousses picotées, M. Kind emploie la boîte à mousse (fig. 8, pl. 150). Elle est formée par un cylindre en fonte un peu plus petit que le cuvelage. A sa partie inférieure, il est muni d'un sabot en bois devant porter sur la base du trou. Ce sabot est formé de seize pièces de bois de $0^m,40$ de haut et de $0^m,20$ de large. Il est attaché par des tringles de bois au dernier anneau du cuvelage. Ces tringles ont pour objet de l'empêcher de tomber, mais ne l'empêchent pas de glisser à l'intérieur du cuvelage. On remplit l'intervalle laissé vide par de la mousse déjà assez fortement tassée et retenue au moyen d'un filet. On adapte donc cette boîte à mousse à la base du cuvelage, puis on assemble successivement les trois premiers anneaux; on adapte alors un faux fond, dit fond d'équilibre. Il a pour but d'empêcher l'eau de pénétrer à l'intérieur du cuvelage, de façon à ce que celui-ci flottant comme un bateau, on n'ait pas d'effort à exercer pour le retenir. Pour le faire descendre, il suffit de le remplir peu à peu d'eau, à mesure que les segments s'assemblent. Seulement, afin de se ménager constamment accès au fond du puits pendant l'opération de la descente du cuvelage, on a pratiqué, au centre de ce faux fond, un trou qui est surmonté d'un tube communiquant à l'air libre.

On pourra donc toujours, par ce moyen, introduire des sondes ou des instruments de curage propres à enlever quelques détritus qui pourraient s'ébouler des parois pendant l'opération. On peut calculer le diamètre de ce tube, de façon à ce que le cuvelage reste constamment en équilibre dans le trou rempli d'eau, et que l'addition du nouveau segment enfonce d'une hauteur précisément égale à la hauteur de ce segment, la partie supérieure reste constamment au niveau du sol. Mais généralement on se tient au-dessous de cette limite, et on introduit de l'eau pour l'immerger.

Lorsque le cuvelage a ainsi descendu jusqu'au fond du trou, qui doit pénétrer de quelques mètres dans le rocher, le sabot de la boîte à mousse s'appuie sur le fond; le cuvelage descend en comprimant la mousse contre les parois du trou, et forme ainsi une fermeture parfaitement hermétique. Pour forcer plus certainement la mousse à se presser contre les parois du rocher, on a disposé à l'intérieur des lames de tôle légère, inclinée de façon à rejeter la mousse à l'extérieur. La compression est devenue assez énergique pour que les deux lames se touchent ; elles cèdent sans difficulté et n'empêchent pas le rapprochement des parois supérieures et inférieures de la boîte à mousse. La boîte à mousse, pour produire tout son effet, doit descendre très-librement pour ne pas se détériorer dans la descente ; puis arrivée au bas, elle doit être serrée assez fortement : aussi doit-on forer le dernier mètre du trou un peu plus petit que le reste, de manière à ce que la boîte à mousse y pénètre juste, tandis que, dans le reste, il doit y avoir un certain jeu.

Les différents tronçons du cuvelage doivent être assemblés avec grand soin pour assurer non-seulement la solidité du cuvelage, mais aussi son étanchéité. Une lame de plomb, intercalée entre les deux brides, réalise parfaitement cette condition.

Bétonnage. — Enfin, après la pose du cuvelage vient une dernière opération, qui consiste à remplir de béton l'espace laissé libre entre le cuvelage et les terrains aquifères. C'est là l'opération qui assure la dureté indéfinie de l'étanchéité du cuvelage. C'est surtout la base qui doit être bétonnée avec soin, puisque c'est par la boîte à mousse principalement que l'eau peut entrer dans le puits. On emploie pour cela des cuillers mues à la corde, et qui descendent le mortier jusqu'au fond. On évite ainsi le mélange avec l'eau, qui produit une détérioration complète du béton. Il faut avoir des chaux dont la prise soit suffisamment lente pour que les diverses assises se soudent parfaitement les unes aux autres, et pourtant pas par trop lentes, pour que les matériaux ne se séparent pas. La composition suivante a donné de bons résultats :

1 chaux hydraulique.

1 sable.

1 trass d'Andernacht.

1/4 ciment romain (Vassy).

Enfin, pour surcroît de précaution, on a placé deux trousses picotées au-dessous de la boîte à mousse, dans le puits de l'Hôpital.

M. Chaudron résume ainsi les avantages du fonçage des puits à niveau plein :

1° Isolement complet des terrains aquifères ;

2° Solidité très-grande des cuvelages ;

3° Réduction considérable dans les dépenses ;

4° Économie de temps ;

5° Amélioration du service des ouvriers ;

6° Possibilité de traverser tous les terrains, quelles que soient l'épaisseur et la nature des morts terrains.

Fonçage en Westphalie.

Comme exemple de fonçage de puits à niveau plein, je vais donner quelques détails sur celui qui fut exécuté dans la concession dite Buhr et Bhein, non loin du village de Ruhrort en Westphalie : c'est un exemple très-remarquable de difficulté vaincue.

Il s'agissait de traverser une épaisseur de 80 mètres de terrains aquifères : on avait commencé le fonçage au moyen d'une tour en maçonnerie, on espérait pouvoir épuiser et creuser en dessous de cette tour de manière à la faire descendre à mesure que l'on s'élevait par le sommet, mais on fut très-vite arrêté par l'affluence des eaux et des sables (fig. 9 et coupes, 10, 11, 12, 13, pl. 120).

Une seconde tour en maçonnerie pénétra un peu plus loin. Elle fut remplacée par un cuvelage formé de palplanches de bois, puis on employa des palplanches de fer le tout sans succès.

Je ne puis donner de détails sur toutes ces opérations, quelque intéressantes qu'elles soient, et j'arrive au cuvelage en fonte : on était arrivé à 41 mètres de profondeur, on éleva le cuvelage en fonte jusqu'au sommet de la deuxième tour, en le consolidant par un muraillement entre son extrados et l'intrados de la tour en maçonnerie.

Tout à coup le puits se remplit d'eau et de sables. Après s'être assuré que cette veine provenait bien du fond et non de dérangements latéraux dans le cuvelage, on résolut d'employer le draguage à niveau plein avec cylindre descendant en fonte.

Pour établir ce cylindre dans toute la portion du puits qui était déjà creusée, il fallut commencer par la vider. On y parvint en jetant au fond une couche épaisse de mousse surmontée de 5 mètres de gravier : on put alors épuiser complétement, établir à la base un sabot et le faire surmonter de toute la colonne formée de tronçons boulonnés et picotés avec soin. Par son propre poids la colonne s'enfonça elle-même de 6 à 8 mètres, mais on était loin d'avoir encore passé les terrains aquifères, et il fallut se mettre à draguer sans s'inquiéter de l'eau qui allait faire irruption.

Drague. — Afin de racler le fond du trou et d'enlever les cailloux et les argiles, on employa un système de gros couteaux en fer aciéreux placés dans des positions variables auxquels on imprimait un mouvement circulaire au moyen de la tige de la drague, et qui étaient immédiatement suivis de sacs en cuir dans lesquels pénétraient les matières à extraire. L'appareil essentiel de la drague consiste donc dans ce système de couteaux et de sacs portés par un bâtis convenable. Les dessins 15 et 16 de la pl. 120 font facilement comprendre ce bâti.

On voit qu'il se compose essentiellement d'un rectangle avec des fers transversaux. Les couteaux sont formés par de simples bandes d'acier recourbées. On peut les placer horizontalement (gravier), ou verticalement (argile).

Les sacs sont en cuir ou en toile goudronnée suffisamment renforcée par des lanières de cuir cousues seulement sur les côtés. Le fond se ferme au moyen d'une ficelle qui passe en haut. Pour vider le sac, on coupe celle-ci et les matières tombent dans un chariot.

Tiges. — Elles sont carrées, en fer aciéreux, de $0^m,96$ d'épaisseur et de $6^m,28$ de longueur.

Elles s'emmanchent par un mouvement de baïonnette.

Guide circulaire. — Au-dessus du bâti qui porte les couteaux on a disposé un guide circulaire formé de deux demi-cercles bâtis en bois et pouvant s'ouvrir ou se fermer à charnière.

Marche de l'appareil. — On descendait la drague comme tous les appareils de sondages. Pour la faire tourner on employait un manége. Dans les sables le travail n'était nullement pénible, mais dans les terrains argileux surtout, quand le couteau rencontrait des rognons de grès, il avait quelquefois beaucoup de peine à circuler.

La quantité de matière extraite était 1/3 de mètre cube avec les petites dragues et 1 mètre cube avec les grandes.

A la profondeur de 75 mètres ou mettait 3/4 d'heure pour descendre la drague et 1 heure pour la remonter. Pour faire descendre la colonne de fonte il suffisait ordinairement d'une forte impulsion. Si ça n'allait pas tout seul on chargeait avec des leviers et des gueuses de fonte dont le poids a été porté à 125 tonnes. Dans une couche d'argile plastique mélangée de grès, le travail était extrêmement difficile : on dut d'abord employer de petites dragues pour le forage, puis le couteau élargisseur pour faciliter la descente.

A 76 mètres on était dans une marne compacte. Le cylindre ne voulait plus descendre, on résolut de mettre une trousse. M. Mainshausen eut l'idée de couler du béton au fond du puits suffisamment élargi et de forcer par une charge énorme le cylindre à pénétrer dans cette masse. Il y réussit après quelques difficultés surmontées. Alors on put épuiser, puis on creusa le béton qui calfeutra pendant quelque temps la base de la colonne, et permit de mettre une trousse picotée. A partir de là il n'y eut plus de difficultés.

Je n'ai pas donné ce travail comme type de méthode à suivre, mais je crois que les deux traits caractéristiques, à savoir le draguage au moyen des sacs de cuir, et la colonne du cuvelage qui suit immédiatement l'approfondissement du trou sont deux résultats intéressants à se rappeler.

J'ai dit un mot au commencement de mon article des procédés employés par les Arabes pour creuser les puits dans le Sahara, et on a vu combien ces moyens étaient barbares comparés à nos procédés. Aussi lorsque la conquête de l'Algérie nous eut permis d'attirer l'attention des savants et stimulé l'activité des industriels, songea-t-on à forer des puits artésiens par les procédés perfectionnés.

Je ne puis faire mieux ici que de laisser la parole à M. Laurent en reproduisant à peu près textuellement la note qu'il a bien voulu me communiquer.

Le 20 avril 1844, M. Fournel proposa un sondage à Biskra ; cette proposition fut agréée par M. le ministre de la guerre en 1845, et enfin les travaux furent commencés le 10 octobre 1846. Ce sondage eut à traverser d'énormes poudingues de plus de 80 mètres et fut abandonné sans laisser de résultats.

MM. Dubocq et Berbrugger étudièrent aussi cette question des puits artésiens au désert. Le premier publia un excellent mémoire géologique dans les *Annales des mines*, le second donna l'histoire complète des procédés employés par les puisatiers arabes.

Depuis la tentative malheureuse faite à Biskra, les sondes restèrent inactives. Ce fut en 1856, sous l'administration de M. le maréchal Randon, gouverneur de l'Algérie, que le général Desvaux, alors commandant la subdivision de Batna, reprit cette question.

M. Charles Laurent, associé de la maison Degousée et Laurent, fit partie de l'expédition de la province de Constantine, qui parcourut le Sahara oriental à l'effet d'examiner les points qui devaient présenter les chances les plus favorables à de premiers succès, et enfin de déterminer la composition du matériel le plus convenable à l'exécution de ces travaux.

Ce matériel, accompagné d'un personnel convenable, arriva à Tansima au commencement de mai 1856, et le 19 juin suivant, une magnifique nappe jaillissante donnant 4,000 litres par minute s'élançait du forage pour venir remplacer un puits arabe en voie d'extraction, et qui, au plus haut de son débit, n'avait jamais donné plus de 1,500 litres d'eau par minute.

Après cette première campagne de 39 jours seulement, tout fut disposé pour activer vigoureusement le projet rédigé dans le rapport de M. Laurent, qui consistait à pratiquer dans le Sahara des puits sur tous les points qui se trouveraient à moins de 55 à 60 mètres au-dessus du niveau de la mer. Aux travaux du désert proprement dit, sont venus s'ajouter ceux qui se sont exécutés et s'exécutent encore dans la plaine du Hodna, située au nord-ouest de Biskra. Le général Desvaux pensait que si les études faites sur les terrains de cette plaine, sur leur disposition, laissaient croire à un succès, il y aurait lieu d'y exécuter des sondages : on fit en effet les études et on pratiqua sur cette plaine des sondages qui donnèrent d'assez beaux résultats.

Enfin de petits ateliers furent installés pour la recherche d'eaux ascendantes là où les puits jaillissants étaient inexécutables. Beaucoup de ces puits fournissent des eaux douces et abondantes.

Pour résumer ce qui concerne les puits artésiens proprement dits forés à l'aide de l'appareil exposé, voici jusqu'à la dernière campagne les résultats obtenus. Entre Biskra et Tougourt 45 puits ont été forés; ils fournissent par 24 heures 87,470 mètres cubes d'eau jaillissante.

A Tougourt et dans l'Oasis 24 puits arabes abandonnés ont été terminés et versent sur le sol 4,994 mètres cubes par 24 heures. Au delà de Tougourt 4 forages donnent 538 mètres cubes. Enfin, la plaine de Hodna possède 17 forages qui répandent sur son son sol 11,335 mètres cubes. Tous ces travaux ont été pour chaque campagne l'objet de rapports détaillés auxquels on peut recourir pour les détails d'exécution. Je dirai seulement, pour ce qui se rapporte à la disposition générale des appareils, que l'on a tâché de les faire aussi mobiles et portatifs que possible. La chèvre principalement se compose de madriers pouvant se démonter facilement. Pour traverser la couche superficielle de sable, on employait un système de vis de pression en maintenant toujours la colonne libre à l'intérieur.

Tel est donc le résumé, trop succinct peut-être pour un sujet aussi intéressant, mais au moins consciencieux et impartial, des travaux effectués jusqu'à ce jour pour opérer les sondages. Si cet art n'a point été révolutionné dans ces dernières années, comme le furent tant de branches de l'industrie, cela tient surtout au haut degré de perfection auquel il a atteint depuis longtemps déjà ; mais il ne faut pas croire pour cela qu'il s'endorme dans une routine arriérée. La sûreté des opérations pour les sondages ordinaires, la grande extension que les puits artésiens ont prise depuis quelques années, enfin et surtout les sondages à grands diamètres, dont la réussite est aujourd'hui parfaitement assurée par des méthodes tout-à-fait sorties du domaine de la science théorique et désormais acquises à l'industrie, sont des résultats dignes des hautes distinctions dont la Commission a honoré les hommes qui les ont obtenues.

A. Lacour,
Ingénieur civil, ancien élève de l'École polytechnique
et de l'École des mines.

NOTE

SUR LA

PERFORATION MÉCANIQUE A LA MINE DE MARIHAYE

Par E. J. Léon THONARD,

Sous-ingénieur au corps des mines de Belgique[1].

La Société charbonnière de Marihaye, ayant à creuser, pour la mise à fruit de son siége Pierre-Denis, des galeries à travers bancs de grande longueur, s'est décidée, afin de gagner du temps, à employer la perforation mécanique. La grande difficulté était d'éviter les tâtonnements que peuvent amener des entreprises de l'espèce : il ne s'agissait pas ici de faire un essai plus ou moins timide, mais d'atteindre, avec certitude et le plus de rapidité possible, un but donné par les moyens que l'art mécanique met actuellement à notre disposition.

A la suite d'études longues et consciencieuses partant de cette considération et embrassant les divers éléments du problème (choix du moteur, de la perforatrice et de son affût), une installation analogue à celle qui existe au mont Cenis fut arrêtée. Le perforatrice de Sommeiller, parmi les divers appareils de l'espèce connus, était consacrée par une longue expérience. Elle paraissait la plus pratique et celle dont on pouvait espérer les meilleurs résultats.

1. L'installation faite au charbonnage de Marihaye comprend : A. les appareils de compression avec réservoir d'air comprimé; B. la conduite de l'air jusque dans l'intérieur des travaux; C. les appareils de perforation.

A. Appareil de compression. — L'appareil de compression du système Sommeiller a reçu les simplifications que la pratique a fait reconnaître. Je décrirai brièvement cette machine déjà connue par les descriptions qu'on en a faites. Elle consiste en un cylindre horizontal réuni à chacune de ses extrémités à un cylindre vertical. Chacun de ces derniers porte latéralement et vers le haut deux clapets pour l'entrée de l'air, en cuivre garni de cuir, présentant chacun une section de $1^{déc.2}$,485 et sur le fond supérieur une soupape de 22 centimètres de diamètre, reposant sur un siége conique. La compression de l'air a lieu à l'aide d'un piston hydraulique, c'est-à-dire que, dans le cylindre horizontal, se meut un piston donnant un mouvement de va-et-vient à une masse d'eau qui se trouve de chaque côté de celui-ci et qui, en descendant

---

[1] Cette note a été rédigée à la demande des membres de l'Association des ingénieurs sortis de l'école de Liége, et a été publiée dans le *Bulletin* de cette Association. L'auteur de la note M. Thonard, est chargé de l'inspection administrative de la mine du Marihaye.

dans un des cylindres verticaux, produit l'aspiration de l'air, et, en remontant dans l'autre, la compression et le refoulement dans le réservoir. Seulement, comme la masse d'eau diminue, d'abord par vaporisation, une certaine quantité se transformant en vapeur lors de la compression par suite de la production de chaleur qui en résulte, ensuite par entraînement mécanique, il importe de remplacer ce qui s'en va pour que les volumes initial et final restent dans un rapport déterminé. A cet effet, voici la disposition adoptée et où gît principalement la simplification apportée à ce genre d'appareils.

Chaque cylindre vertical est entouré d'une enveloppe circulaire prenant naissance un peu en dessous des clapets d'aspiration, dans laquelle on ramène par des tuyaux l'eau qui a été entraînée et qui s'est déposée ou condensée dans les réservoirs, ainsi que celle qui vient d'un réservoir spécial où se dépose également une partie de l'eau entraînée. Au moyen de robinets, on peut régler la quantité d'eau à admettre dans l'enveloppe. De là, l'eau s'écoule par les orifices d'entrée, lors de l'admission de l'air à l'intérieur du cylindre, et vient remplacer ce qui manque.

A Marihaye, on a deux appareils de l'espèce ou deux pompes à double effet placées parallèlement. Les deux cylindres verticaux de chacune d'elles sont réunis au-dessus de la soupape de refoulement par un tuyau d'environ $0^m,10$ de diamètre intérieur; ces deux tuyaux sont traversés en leurs milieux par un trosième allant d'une part au réservoir d'air comprimé et d'autre part au réservoir d'eau. Ce dernier, placé sur le côté, est un cylindre en fonte de $1^m,65$ de hauteur environ sur $0^m,35$ de diamètre intérieur. Il porte un indicateur de niveau d'eau à tube en verre, une soupape de sûreté et un manomètre. Au commencement de la mise en marche, il est rempli d'eau ; la partie supérieure est en communication avec l'air comprimé ; à la partie inférieure se trouve un petit tuyau en cuivre qui se relève jusqu'au niveau supérieur des appareils compresseurs et se bifurque en quatre petits tuyaux amenant par la pression de l'air, de l'eau dans les enveloppes dont il a été fait mention plus haut. Ce tuyau et ces embranchements sont munis de robinets. S'il y a de l'eau entraînée par l'air comprimé, elle peut, par le tuyau horizontal mettant les deux pompes en communication et relié de plus aux petits tuyaux, se rendre directement dans les enveloppes ou aller, soit dans le réservoir d'eau, soit dans le réservoir d'air. Ce renouvellement de l'eau est favorable au refroidissement des appareils.

Quand le réservoir d'eau est vide, ce qu'on voit aisément à l'indicateur, on peut le remplir en pleine marche en faisant rentrer de l'eau en excès par le clapet d'aspiration. Cette eau, qui est versée dans l'enveloppe à bras d'homme, s'en va par la soupape de refoulement au réservoir.

Les tiges des pistons des deux pompes à double effet sont commandées par deux manivelles calées à angle droit sur le même arbre. De cette façon, on arrive à régulariser autant que possible le travail à produire, attendu que l'effort, pour chaque appareil pris isolément, croît depuis le commencement jusqu'au moment du refoulement et ne reste constant que pendant cette période.

Chaque appareil présente les dimensions suivantes : diamètre, 0ᵐ,45, course, 1 mètre.

Moteur. — Le moteur est une machine à vapeur à deux cylindres horizontaux ($d = 0^m,10$; $c = 0^m,60$) conjugués, marchant avec une détente d'environ 1/5. Ce sont deux anciennes machines d'avaleresse de 20 chevaux chacune, utilisées, accouplées et dont chaque cylindre a conservé sa distribution commandée par une coulisse.

Les deux pistons donnent, par leurs tiges, bielles et manivelles à angle droit, un mouvement de rotation à un arbre portant deux pignons attaquant deux roues d'engrenage calées sur l'arbre des compresseurs. Le rapport des diamètres de ces roues est de 5 à 1.

Deux volants de 2 mètres de diamètre et pesant chacun approximativement 1,000 kil., placés sur l'arbre de la machine, régularisent le mouvement.

Cette disposition, comme on le voit, permet d'obtenir une régularité convenable dans les résistances à vaincre pour un effort moteur à peu près constant.

Le nombre de tours maximum que peut faire la machine est de 60 par minute, ce qui correspond à 12 tours ou 24 pulsations pour chacun des compresseurs.

Actuellement on marche à environ 40 tours par minute à la machine, ce qui donne 16 pulsations à chacune des pompes. La pression de la vapeur dans le cylindre est de 2 à 2 1/2 atmosphères, et l'air est comprimé à une pression de 4ᵃᵗ·,7.

. . . .

En employant un piston hydraulique, on cherche à refroidir l'air au fur et à mesure qu'il a une tendance à s'échauffer par le travail de la compression. Je n'ai point de donnée sur l'élévation de température que l'air peut prendre à la fin du travail ; en tous cas, les cylindres ne paraissent pas s'échauffer sensiblement, ce qui est dû probablement à la vaporisation d'une certaine quantité d'eau

Si la compression se faisait sans qu'il y eût absorption de chaleur, pour une température initiale de 20° centigrades, la température finale serait de :

85 deg. centig. pour une pression finale absolue de 2 atmosph.

130	id.	id.	3	»
165	id.	id.	4	»
194	id.	id.	5	»
220	id.	id.	6	»
299	id.	id.	10	»

Mais l'air devant être utilisé à une température très-inférieure, il faudrait le comprimer à une pression plus élevée que celle nécessaire pour que, par le refroidissement, la pression restât convenable. Le travail à produire serait donc non-seulement plus grand en vue de cette prévision, mais surtout parce que, pendant la compression, la température augmentant, la pression suivrait un accroissement plus rapide que celui de la loi de Mariotte. Qu'on ajoute à cela les inconvénients résultant d'un semblable développement de chaleur.

Dans le compresseur Sommeiller, la température ne reste pas évidemment constante, mais varie dans des limites probablement peu écartées, ce qui fait que le travail que nécessite la compression ne peut se calculer en se basant sur la loi de Mariotte, d'après l'expression logarithmique qu'on en déduit, pas plus que d'après les indications fournies par la théorie mécanique de la chaleur. Sa valeur supérieure à celle fournie par la première de ces lois est inférieure au résultat que donne la seconde. C'est ce que l'expérience prouve d'ailleurs.

L'air se refroidissant dans le réservoir et les conduites et étant utilisé à la température ordinaire, on comprend combien il est avantageux de refroidir l'air le plus possible dans l'appareil de compression, non-seulement afin de réduire le travail à effectuer, mais aussi de maintenir les organes de la machine, les bourrages, etc., en bon état.

Sous ces deux points de vue, le compresseur Sommeiller semble donner de meilleurs résultats que l'appareil à piston ordinaire refroidi par de l'eau à l'extérieur du cylindre, tel que celui qui est employé à Sart-Longchamps.

Il ne me semble pas toutefois que ce compresseur soit entièrement dépourvu d'espace nuisible, comme quelques personnes ont bien voulu le dire. En effet, d'après la loi de Henry, le *volume* de gaz qu'un liquide dissout restant constant, quelle que soit la pression, il est clair que l'eau du compresseur dissout un certain poids d'air qui s'accroît avec la pression et dont l'excès se détend lors de l'aspiration. Jusqu'à quel point cette solution se fait-elle dans la masse liquide, c'est ce qu'il n'est point facile de préciser.

Quoi qu'il en soit, les expériences nombreuses faites sur l'appareil Sommeiller accusent une perte d'environ 10 à 11 pour cent du volume engendré par le piston, c'est-à-dire, par exemple, qu'il faudra, pour obtenir 1 mètre cube à 5 atmosphères, théoriquement 5 mètres cubes et pratiquement 5^{m3},555.

D'après la loi de Mariotte, pour obtenir 1 mètre cube d'air comprimé à 5 atmosphères de pression absolue, il faut, en y comprenant la perte, développer un travail de .... 92,364 kgmètr.

On sait, par expérience, qu'avec l'appareil Sommeiller, il faut... 118,608   »

D'où une différence en plus de .... 26,244 kgmètr. ou 23 pour cent du travail développé.

Cet excédant de travail produit par le développement de chaleur s'élève naturellement avec la pression finale. Il est de 8 pour cent à 2 atmosphères, de 15 pour cent à 3, de 20 à 4 atmosphères, etc.

En ajoutant 10 pour cent pour le frottement du piston, on a environ 125,000 kilogramètres à développer pour obtenir 1 mètre cube d'air comprimé à 4 atmosphères de pression effective.

En tenant compte des diverses résistances, on évalue à 66 pour cent l'effet utile de l'air comprimé dans le réservoir par rapport à la vapeur dans la chaudière.

Le volume engendré par pulsation est de 159 litres et l'on obtient 28^l,6 d'air à 5 atmosphères de tension, soit 114 litres par tour de l'arbre des compresseurs pour les deux appareils. Ce qui, dans la marche habituelle à 8 tours, revient à 912 litres ou près de 1 mètre cube d'air comprimé par minute.

Réservoir d'air comprimé. — L'air refoulé des compresseurs vient par un tuyau en fonte ($d = 0^m,10$) au réservoir d'air comprimé.

Ce réservoir se compose de six chaudières cylindriques, en tôle de fer, soigneusement goudronnées, de $1^m,60$ de diamètre et de 10 mètres de longueur environ, superposées deux à deux et de façon à reposer sur des poutres en bois de chêne placées au nombre de trois sur la longueur, solidement encastrées d'un côté dans un mur en talus et de l'autre s'appuyant, les inférieures sur une maçonnerie, les autres sur les corps des chaudières de dessous.

Une clarinette ou tuyau muni de six ouvertures à robinet et de tuyaux, disposée verticalement, permet de mettre en communication le tuyau amenant l'air comprimé avec tous les réservoirs et à l'occasion de pouvoir isoler un ou plusieurs de ces derniers.

Des robinets de purge sont placés à la partie inférieure du corps cylindrique et sont terminés par des tubes qui renvoient l'eau déposée et condensée aux compresseurs.

Le réservoir est placé à l'air libre. Il jauge environ 130 mètres cubes et sa disposition est bien entendue, en ce qu'elle permet aisément la surveillance, l'entretien et l'isolement de chacune des parties.

La prise d'air se fait par un tuyau qui part de la chaudière cylindrique de dessus et aboutit à un autre tuyau s'embranchant sur la conduite allant au puits en un point où se trouve le modérateur, facilement à portée du machiniste.

B. Conduite à air. — Les chantiers de travail sont à 412 mètres de profondeur, niveau où l'on creuse les bacnures vers Nord et vers Sud de l'étage à mettre en exploitation et s'établiront bientôt également à 452 mètres.

La conduite d'air est placée jusqu'à 350 mètres dans le puits de service, c'est-à-dire celui où se font l'épuisement des eaux, la remonte et la descente des ouvriers par des cages spéciales guidonnées et munies de parachutes. On a là plus de facilité pour la visiter, la parer au besoin et elle a moins de chance d'être brisée ou endommagée, soit par des chutes de pierres ou de charbon, des accrocs, etc., que dans le puits d'extraction.

Au niveau de 350 mètres, la conduite est reportée par une galerie dans le puits d'air qui l'amène au niveau voulu.

Dans le puits, la conduite est formée de tronçons de 30 mètres de longueur disposés sur une même ligne verticale et raccordés l'un à l'autre par des tuyaux courbés en forme de lyre en cuivre, pour éviter les inconvénients que pourraient amener la dilatation et une trop grande solidarité. Les tuyaux de chaque tronçon sont en fonte, ont un diamètre intérieur de $0^m,10$, et des brides à chaque extrémité. Le joint est rendu étanche au moyen d'une bague en caoutchouc fortement serrée entre les brides par quatre boulons.

Chaque tronçon est soutenu en un de ces points de la manière suivante :

un des tuyaux porte en son milieu deux pattes trapézoïdales, assez larges (9 centimètres) venues de fonte avec lui et qui s'appuient sur deux petites pièces de lois encastrées solidement dans une boîte en fonte à trois loges placée dans la maçonnerie du puits.

La pose s'en est faite sans difficulté jusqu'à 412 mètres; la conduite sera bientôt continuée de la même façon jusqu'à 452 mètres.

Au niveau de 412 mètres, un tuyau partant du puits vient aboutir à la galerie où se produit la bifurcation vers Nord et vers Sud.

Les tuyaux qui servent à la conduite de l'air dans les bacnures mêmes sont en fer étiré de $0^m,05$ de diamètre intérieur. Ils ont 5 mètres de longueur et sont terminés par des collets soudés en fer. Entre les brides on place une rondelle de caoutchouc que l'on serre par des boulons.

Cette conduite est placée le long des parois, retenue contre le boisage ou par des arrêts placés dans la roche. En fer étiré, elle présente l'avantage d'être plus légère et de tenir moins de place (l'épaisseur n'est que de 2 à 3 millimètres); de plus, les tuyaux peuvent se courber à froid, ce qui est commode quand il y a des déviations dans la direction de la galerie.

Toute la conduite depuis le jour jusqu'au fond tient parfaitement la pression, les joints sont très-étanches et se conservent tels depuis la mise en marche.

La pression de l'air augmente à mesure qu'on descend. Si on néglige les frottements, en appelant P et p, les pressions au fond et au jour; T et t, les températures respectives, on a, d'après la formule donnée par Laplace et rapportée dans les *Traités de Physique* :

$$\log. \frac{P}{p} = \frac{412 \text{ mètres}}{18393 \left(1 + \frac{2\,(T + t)}{1000}\right)}$$

En prenant 24° pour la somme des températures au fond et au jour, chiffre qui, dans certaines limites, n'a d'ailleurs qu'une faible influence, on trouve que l'on gagnerait un peu plus de $1/20^e$ d'atmosphère par atmosphère pour la profondeur de 412 mètres, et que la pression absolue au fond s'élèverait à $5^{at},25$, de 5 atmosphères qu'elle serait à la surface, ce qui donnerait une pression effective de $4^{at},20$.

L'air étant en mouvement dans les tuyaux, il faut déduire de cet accroissement la perte de charge due aux frottements contre les parois, aux changements de section, qui est proportionnelle au carré de la vitesse, et que les expériences faites au mont Cenis me permettent d'évaluer ici à environ $1/30^e$ d'atmosphère.

Mais l'air extérieur se meut aussi et son appel est déterminé par des appareils mécaniques établis à la surface, d'où il résulte que la dépression produite par ces derniers, qui est faible dans le cas actuel, vient en déduction de l'accroissement de pression atmosphérique dû à la profondeur, fait qui tend à diminuer la contre-pression. Il est possible également qu'un phénomène du même genre se produise avec l'air comprimé quand les machines sont en marche.

Quoi qu'il en soit, des observations manométriques ont accusé une surélévation de pression sensible, mais dont il n'a pas été possible, jusqu'à présent, de déterminer exactement la valeur.

C. Appareils pour la perforation.— 1° *Perforatrice.* — L'appareil choisi est la perforatrice de Sommeiller. Je crois inutile de la décrire complétement. J'indiquerai seulement les modifications qu'elle a subies et qui l'ont rendue de plus en plus pratique.

Comme on sait, la tige du piston percuteur est munie d'un porte-outil dans lequel on assure le fer de mine. Le piston est toujours en communication du côté opposé de la tige avec l'air comprimé, l'autre face est mise alternativement en communication avec l'air comprimé et l'air extérieur, de sorte que l'outil est lancé avec une force égale à la pression effective de l'air sur une surface égale à celle de la tige et que le piston est ramené à l'arrière par l'air comprimé agissant sur la surface annulaire. Une petite machine rotative à air comprimé placée à l'arrière commande, au moyen d'une came, le tiroir de distribution. Par un cliquet calé sur un excentrique agissant sur une roue à rochets, elle communique un mouvement de rotation à la tige du piston et à l'outil au moment où l'outil revient en arrière après le battage. Autrefois, ce dispositif se trouvait placé avant le cylindre percuteur et le mouvement de rotation était communiqué au piston par une tige carrée pénétrant dans celui-ci. Or, chaque fois que le fleuret frappe la roche, il vient de tourner de 1/23° de tour, et se trouvant sur une espèce de plan incliné, il tend à reprendre son ancienne position ; de là, une tendance au glissement, un choc pendant le retour de l'outil qui venait se reporter, par la disposition adoptée, sur les organes principaux de l'appareil. C'est cet inconvénient qui a fait placer le mécanisme de rotation à l'extrémité des longerons.

Dans le principe, le piston percuteur était plein et par suite assez lourd, ce qui produisait l'effet d'un marteau trop pesant sur le porte-outil ; ce dernier s'écrasait et se détruisait par des chocs répétés. Le piston a été évidé cylindriquement à l'intérieur ; l'extrémité de cette cavité est remplie de bois sur lequel vient se placer un cylindre en caoutchouc que presse un cylindre d'acier maintenu à l'avant par une petite bague et pouvant glisser dans le creux du piston. Lorsque le piston revient en arrière, la lumière de décharge se trouve fermée avant la fin de la course, de telle sorte que l'air se comprime et forme un matelas contre lequel s'éteint la force vive de l'appareil. Mais, s'il arrivait que la quantité d'air fût insuffisante, le piston serait repoussé trop en arrière. C'est pourquoi on a placé une tige fixe contre laquelle viendrait alors buter le cylindre d'acier, qui, glissant dans le creux du piston, comprimerait le caoutchouc.

L'outil bat la roche et tourne. Le trou se creuse en sorte que la course du piston varie, mais dans d'étroites limites. Il faut donc, au fur et à mesure que le trou se fore, que l'appareil avance automatiquement. On sait que, à cet effet, dans les deux longerons filetés portant la perforatrice, peut se mouvoir une vis dont le pas est de 16 millimètres qui est folle sur son axe, est solidaire au cylindre percuteur et peut recevoir un mouvement de rotation de la petite machine placée à l'arrière quand l'embrayage a lieu, mouvement de rotation qui se transforme en mouvement d'avancement pour le cylindre percuteur. On sait également que, pour arriver à ce résultat, la tige du piston porte un bourrelet qui, lorsque la course a atteint la limite voulue, soulève un levier à deux branches s'appuyant contre les dents dont sont pourvus les longerons sur leurs faces, soit supérieures, soit inférieures, et maintenu contre elles par un ressort. Ce levier est relié à une poulie d'embrayage solidaire avec une roue à rochets (ayant 16 dents) qui tourne au moyen d'un cliquet mis en mouvement par la machine à rotation.

Dans les premiers appareils, la poulie d'embrayage était retenue par un ressort à boudin qui, devenant libre lorsque la tringle était dégagée, poussait la poulie contre la vis à laquelle un mouvement de rotation était ainsi communiqué. L'outil avançant, les deux branches du levier venaient s'engager dans les dents suivantes des longerons, contre lesquelles elles venaient buter ; par cette action, le ressort à boudin était comprimé, la poulie d'embrayage se dégageait peu à peu, le mouvement de rotation de la vis cessait et le cylindre percuteur restait en place jusqu'à ce que sa course augmentât de nouveau.

Actuellement le ressort à boudin a été remplacé par l'action de l'air comprimé sur une tige qui pénètre dans la chapelle du cylindre percuteur. Au moment où le porte-outil soulève la tringle, qui est ici à la partie supérieure, l'air comprimé la chasse jusque dans la dent suivante; ce mouvement est communiqué par deux leviers de renvoi à la poulie d'embrayage qui fait tourner la vis et donne lieu à l'avancement.

Inutile d'ajouter qu'on peut, au moyen d'un système de roues dentées mises en mouvement par la petite machine d'arrière, faire revenir l'appareil arrivé au bout de sa course.

Ce qui caractérise l'appareil Sommeiller, c'est une grande solidité dans tous les organes. Les ressorts qui restent encore sont celui en spirale servant à maintenir le cliquet et le contre-cliquet de la roue à rochets de la rotation, le même à la roue à rochets d'avancement et le ressort en lame faisant appuyer la tringle contre les dents des longerons. Ces ressorts sont très-simples et se maintiennent très-longtemps; ils sont d'ailleurs faciles à remplacer au besoin.

Quelques perforatrices pèchent de ce côté; les ressorts y sont chargés de fonctions plus importantes qui les mettent hors de service très-rapidement et rendent ainsi l'appareil peu pratique.

A Marihaye, les perforatrices Sommeiller n'ont nécessité qu'un simple nettoyage après quatre mois de marche continue.

Le cylindre percuteur est en cuivre, de même que celui de la petite machine ; le piston du premier en fer, avec une garniture en métal blanc. Les bourrages en cuir embouti ne s'échauffent pas et ne donnent pas de forts serrages.

Voici quelques dimensions :

Le diamètre et la course de la petite machine sont de six centimètres ;

Le grand et le petit diamètre du piston percuteur sont respectivement de 8 et de 6 centimètres, ce qui donne, pour des pressions effectives de 4 et de 5 atmosphères, des efforts de 117 kil. et de 146 kil.;

La course est de 0^m,15 à 0^m,18 ; l'espacement des dents retenant la tringle qui commande la poulie d'embrayage d'avancement est de 0^m,03. On le fait quelquefois de 0^m,18.

Les lumières d'admission et de décharge de l'air du cylindre percuteur ont 4 centimètres carrés de section ;

La course utile de l'appareil dans les longerons est de 0^m,70.

La longueur totale de la perforatrice est de 2^m,50 jusqu'aux extrémités des longerons et de 2^m,70 en y comprenant le porte-outil rentré. Le poids est de 218 kil. un peu inférieur à celui des appareils du mont Cenis (260 k.) et le prix, encore un peu élevé, de 2000 fr.

Il existe également des perforatrices Sommeiller où la petite machine à air comprimé, réglant la distribution, la rotation et l'avancement est remplacée par une manivelle qu'on fait tourner à bras d'homme ; la longueur totale est alors diminuée de 0^m,80. Ces dernières n'ont pas été employées à Marihaye.

2° *Affût*. — L'affût dont on fait usage à Marihaye est analogue à celui du mont Cenis. C'est un chariot porté sur deux grandes roues de 0^m,60 de diamètre à l'arrière et deux petites roues de 0^m,30 seulement à l'avant, pour ne pas gêner les perforatrices, circulant sur une voie dont les rails sont écartés de 0^m,50. Il occupe une largeur totale de 0^m,85, une hauteur de 1^m,70 et une longueur de 4^m,90. Il est formé de barres de fer très-fortes (0^m,12 sur 0^m,04) placées aux quatre angles et qui ne sont réunies sur la partie antérieure que verticalement de chaque côté par une barre placée en diagonale et par quatre verticales placées tout à l'avant, deux de chaque côté, et l'une derrière l'autre. A 2 m. en arrière, se trouvent quatre vis verticales dont les deux antérieures peuvent se mouvoir latéralement entre deux tringles placées en haut et en bas réunissant les barres de dessus et de dessous, et dont les deux postérieures sont fixes. A l'arrière, les diverses pièces constituant l'affût sont réunies et consolidées par des entretoises horizontales et verticales.

De cette façon, l'affût est parfaitement dégagé et suffisamment solide à l'avant et bien consolidé à l'arrière.

Une des grandes roues postérieures porte une roue d'engrenage qu'on peut faire tourner en agissant à la main sur une manivelle qui communique le mouvement à un pignon et permet de faire avancer ou reculer l'affût pour le mettre bien en place.

Les vis servent deux à deux, une de l'avant et une de l'arrière, à supporter une perforatrice, ce qui permet de placer quatre appareils de perforation par chariot. Les deux vis de l'extrémité antérieure et celles mobiles de l'arrière sont réservées aux deux perforatrices placées à l'intérieur du chariot, les quatre autres aux deux perforatrices chacune latéralement.

Voici comment chaque appareil est fixé : chacune des vis, qui, soit dit en passant, est aplanie sur deux côtés opposés, porte un écrou, lequel peut se mouvoir sur toute la hauteur et supporte une bague en fer munie d'un appendice dans lequel on peut faire glisser et fixer une barre de fer horizontale et de forte épaisseur dont on va voir la destination.

A l'avant la perforatrice s'appuie par ses longerons sur un coussinet en fonte mobile dans une grande bague en fer supportée par une tige et qui, au moyen de mâchoires, peut se placer soit en haut de la barre horizontale supportée par la vis, soit y être suspendue, tout en ayant la faculté de glisser latéralement sur cette barre.

A l'arrière, les deux longerons sont réunis par un boulon horizontal sur lequel ils peuvent tourner. Entre les longerons, le boulon passe dans un coussinet en fer lequel porte à sa partie inférieure un pivot réunissant deux mâchoires embrassant la barre horizontale portée par la vis. La mâchoire peut ainsi se déplacer latéralement et verticalement, et l'extrémité de la perforatrice, en chaque point, avoir un mouvement de rotation dans un sens vertical comme dans le sens horizontal. A la partie antérieure, l'appareil pouvant se déplacer verticalement et latéralement, il lui est donc permis de prendre un grand nombre de positions que le tirage à la poudre peut réclamer pour le plus grand effet utile des trous de mines.

La manœuvre est d'ailleurs facile : au moyen de crics, on soulève et supporte la perforatrice, on peut alors faire mouvoir l'écrou mobile, déplacer la barre horizontale et même changer la position du cercle dans lequel l'appareil est soutenu par le coussinet en fonte.

L'affût en place ne nécessite aucun calage; on met tout simplement à l'avant une pièce de bois sur laquelle s'appuient les barres inférieures et on enlève les petites roues, si elles gênent. Il résiste par son poids, qui est de 2,300 kil.; les perforatrices pesant environ 880 kil., le poids total est d'à peu près 3,200 kil. Bien qu'en marche les outils donnent des chocs répétés, les vibrations ne sont pas très-grandes.

Dans le principe, comme les deux bacnures vers Nord et vers Sud partaient du puits, on avait réuni les deux affûts qu'on a séparés depuis que la distance entre les chantiers de travail a beaucoup augmenté.

Sur la partie postérieure de l'affût se trouve la clarinette à air comprimé communiquant par un tuyau en caoutchouc avec la conduite commandée par un robinet. Cette clarinette est munie d'orifices à robinets d'où partent quatre tuyaux également en caoutchouc (d. int $= 0^m,03$), amenant l'air comprimé à chacune des perforatrices.

A l'avant est, de plus, disposé un cadre mobile qu'on relève pendant le travail et qui sert à maintenir au moyen d'une planche les tiges en fer sur lesquelles glissent les bagues, permettant de fixer les tuyaux d'injection d'eau en tous les points.

C'est également à la partie antérieure de l'affût qu'on attache la clarinette à injection. On sait que l'enlèvement des débris du creusement se fait par un mince filet d'eau chassé par l'air comprimé. A cet effet, des tuyaux flexibles en cuivre, terminés par un bec et dirigeant l'eau dans chaque trou en forage partent de la clarinette, qui est en communication par un tuyau en gutta-percha avec un tender au petit cylindre en tôle, rempli d'eau préalablement à la surface, placé sur un train à quatre roues et circulant derrière l'affût sur la même voie ferrée. De l'air comprimé venant de la conduite, chasse l'eau du tender dans la clarinette et les tuyaux.

L'affût sur roues, dont on **vient de voir plus haut la description,** paraît basé sur un bon principe. Tout en assurant une stabilité suffisante aux machines dont il permet de faire varier la position dans certaines limites, il est facile à mettre en place et à retirer rapidement. Il exige, il est vrai, un enlèvement continu des déblais, ce qui n'est pas un bien grand mal et exerce d'ailleurs une heureuse influence sur l'avancement. L'expérience ne fera probablement qu'en confirmer la valeur et indiquer les simplifications ou améliorations dont sa construction est encore susceptible et les modifications de détail à apporter, selon les circonstances particulières de son emploi.

Quant aux affûts isolés que les ouvriers doivent fixer et déplacer à chaque trou de mine, la pratique semble en avoir jusque maintenant condamné l'emploi.

3° *Fleurets*. — Les fleurets ou fers de mine employés à Marihaye sont analogues à ceux du mont Cenis. Toutefois ils présentent avec ces derniers une légère différence : les deux ailettes latérales terminant le biseau sont plus courtes, ce qui leur donne la forme d'un Z plus allongé. Leur diamètre est de 35 millimètres et leur longueur va de $0^m,60$ à $1^m,70$.

On emploie également des trépans élargisseurs de $0^m,15$ servant à forer à peu près suivant l'axe de la bacnure un grand trou destiné à desserrer le terrain. Ce trépan est formé d'un côté par un biseau placé suivant le rayon et, sur l'autre moitié, par des dents disposées suivant les circonférences, de façon à pouvoir découper la roche. Au centre se trouve une tige de petite longueur terminée par un biseau Z servant à guider le trépan élargisseur dans un trou de 35 millimètres fait au préalable. Tous ces outils sont en acier légèrement trempé.

NOTE

SUR

LA PERFORATION MÉCANIQUE A LA MINE DE MARIHAYE

Par E.-J.-Léon THONARD

Sous-ingénieur au corps des mines de Belgique

(Suite et fin.)

II. DESCRIPTION DU TRAVAIL. — La galerie à creuser présente une section de $2^m,20$ de hauteur (y compris les rails) et de $1^m,90$ de largeur. On amène l'affût portant les perforatrices et on crible le front de la galerie de trous de mines qui sont environ au nombre de 25 dans le terrain ordinaire, de 30 dans les terrains durs. On a même été à 40. On en place tout le long du périmètre, puis sur la surface en les disposant en quinconce et à une distance d'environ $0^m,50$, variable d'ailleurs avec la disposition des joints de clivage.

Le grand trou se met généralement au centre ou à peu près suivant l'allure du terrain ; on l'entoure de quelques petits trous placés très-près et destinés à sauter les premiers.

Le grand trou rend de très-bons offices, surtout dans les terrains durs.

Le nombre de coups que les perforatrices battent par minute est en général de 150, et ce nombre ne varie guère d'après la nature du terrain. Il est plus faible qu'au Mont-Cenis où il atteint 240 à 300 coups par minute, mais où l'on sacrifie tout à un avancement rapide.

La profondeur des trous est en moyenne de $0^m,80$. On va souvent à 1 mètre ; on a même été à $1^m,50$; il suffit, d'ailleurs, de changer l'outil.

On comprend que la rapidité avec laquelle un trou se fore dépend de la dureté des terrains à traverser. Ce chiffre est donc très-variable. L'expérience donne un avancement de $0^m,07$ par minute dans le petit granit ; à Marihaye, il a été de $0^m,03$ à $0^m,20$ dans le même temps selon la dureté du terrain.

Une chose à laquelle il faut veiller avec le plus grand soin et cela, semble-t-il, quelle que soit la nature du terrain, tendre ou dur, c'est l'injection d'eau qui produit l'évacuation des débris.

Le personnel employé à la perforation se compose de trois jeunes mineurs de 16 à 18 ans, sous la conduite d'un chef d'attaque. Faisons remarquer à ce propos que le recrutement d'ouvriers convenables n'est pas chose des plus faciles. Il est bon, en effet, qu'ils joignent aux connaissances du mineur celles du mécanicien qui leur sont nécessaires pour l'intelligence des machines et de leurs accessoires, afin qu'ils puissent saisir rapidement les positions favorables à donner aux trous de mines (bien qu'on n'y ait point rigoureusement égard), manœuvrer et conduire les perforatrices avec facilité et intelligence, disposer les conduites d'air, etc. C'est en somme un personnel à former, et les premiers résultats se ressentiront évidemment de son éducation.

L'attaque ou la perforation des trous de mines prend un temps qui varie de 5 à 12 heures. Quand elle est achevée, on recule l'affût jusqu'à une gare d'évitement placée en arrière, et on procède au tirage à la poudre et à l'abattage. On charge d'abord et fait sauter les quelques trous qui se trouvent à proximité du grand qu'on laisse libre, puis ceux d'alentour par 4 ou 5 à la fois jusqu'à arriver à ceux qui forment le périmètre.

Deux ouvriers, dont un chef-tireur et un jeune mineur, sont employés à cette besogne.

Les déblais sont chargés immédiatement dans des berlaines et amenés au puits par des hiercheurs. La galerie est boisée, si c'est nécessaire, et le chemin de fer, la conduite d'air comprimé et celle d'aérage sont avancés.

Pendant que, d'un côté, on travaille à l'abattage, les ouvriers de la perforation sont allés faire une attaque à l'autre bacnure. Les opérations se succèdent ainsi successivement sans perte de temps.

Actuellement, on fait en tout plus de deux attaques et de deux tirages par vingt-quatre heures, sans cependant aller à quatre, avec deux postes de dix ouvriers chacun.

Quand les ouvriers seront un peu plus habitués, il y aura moins de temps perdu dans la pose des tuyaux, celle de l'affût, des perforatrices et dans les accrocs de la marche. Si l'enlèvement des pierres se fait rapidement et si le boisage n'arrête pas, on pourra probablement faire par jour deux attaques et deux tirages à chaque chantier.

Aérage. — Chacun des deux chantiers est aéré par un courant d'air pur amené du puits d'extraction par une conduite elliptique ($0^m,70$ sur $0^m,27$) en tôle, placée au sommet de la galerie de façon à ne pas gêner la circulation de l'affût et qui s'en va avec l'air venant des machines par la bacnure au puits d'appel et de là dans les travaux du n° I, dont l'assainissement est établi par deux ventilateurs Fabry.

Jusqu'à présent, les fumées n'ont point présenté de bien grands embarras lors de l'abattage. Mais, avec le temps, la distance augmentera, et il est possible qu'après le tirage, il faudra peut-être activer le courant d'air, soit par un petit ventilateur, soit par un jet d'air comprimé.

III. Résultats obtenus. — L'avancement journalier moyen va actuellement de 1 mètre à $1^m,50$, suivant la dureté du terrain. En moyenne, il est de $1^m,25$. On obtient ainsi, par quinzaine de douze jours, un avancement de 15 à 18 mètres, soit plus du double de ce que l'on peut obtenir par les procédés ordinaires.

En partant du puits, la bacnure vers Nord a traversé la faille de Seraing, recoupé la couche Castagnette et se trouve actuellement dans la stampe qui sépare cette veine de Malgarnie.

Vers Sud, la galerie a recoupé la couche Béchette en dressant, dans laquelle on fait actuellement un chassage pour se reporter vers l'Ouest. L'enlèvement du charbon se fait ici par les ouvriers et celui des pierres ou le bosseyement par les perforatrices. A cet effet, on n'a laissé que deux appareils, un au milieu et un sur le côté de l'affût. L'avancement dans cette couche est de 3 mètres par jour. Le terrain étant desserré par l'abattage du charbon, le trou de $0^m,15$ est inutile.

Bien que ces résultats soient déjà très-satisfaisants, il est encore un peu tôt pour fixer la limite de ce que l'on pourra obtenir avec les perforatrices. L'habileté et l'expérience des ouvriers exercent sur elle une trop grande influence pour qu'on n'en fasse pas état à l'heure qu'il est.

Quoi qu'il en soit, voici le résultat global qu'a fourni la perforation mécanique, depuis le 15 septembre 1868 jusqu'au 15 janvier 1869, dans une période de quatre mois qui comprend le temps des essais. Il a été creusé 225 mètres de galerie dans un terrain de la nature duquel les charbonniers liégeois peuvent se faire une idée d'après les indications données plus haut, et dont la direction, en grande partie oblique à celle de la galerie, était donc loin d'être toujours favorable.

Dans ces 225 mètres, se trouvent 50 mètres de grès très-dur qu'on a traversés en demi-chassage et 45 mètres de galerie dans Béchette.

En moyenne, cela correspond à un avancement de 25 mètres par quinzaine ou de 12^m,50 pour chaque bacnure.

Or, dans les terrains de dureté moyenne, on ne peut guère s'attendre, par les procédés ordinaires, à obtenir un avancement de plus de 7 mètres par quinzaine. Et si l'on vient à rencontrer des grès un peu durs, ce chiffre peut même se réduire notablement.

Avec les perforatrices Sommeiller, l'avantage devient plus sensible encore dans ces terrains où l'accroissement de dureté des roches ne diminue pas de beaucoup l'avancement.

On peut donc affirmer hardiment que la question de temps est résolue et que l'on pourra faire le même travail en moins de la moitié du temps employé actuellement, avantage que je n'hésite pas à déclarer inappréciable, bien que quelques exploitants se hasardent à dire que cette rapidité n'a pas, dans les travaux des charbonnages, l'influence qu'on veut bien lui accorder.

Il reste à examiner la question au point de vue économique.

Or, le travail est actuellement remis à l'entreprise aux conditions suivantes :

A 37 fr. 50 en terrain ordinaire,

A 50 fr. dans le grès,

Et à 20 fr. dans la couche Béchette, par mètre courant de galerie, comprenant la perforation, l'abattage, le chargement et le transport des déblais, la consommation de poudre et de mèches de sûreté, la pose du boisage (quand le terrain le réclame), des conduites d'air comprimé et d'aérage et des chemins de fer. Dans ces prix, entrent également les frais de petites réparations et d'entretien des perforatrices.

La consommation de poudre est évidemment plus grande que par le procédé ordinaire ; elle va de la moitié aux deux tiers en plus. Cette augmentation est due à une disposition moins efficace des trous de mines qui en réduit l'effet utile.

La galerie à travers bancs creusée par la méthode ordinaire et sous les dimensions qu'elle possède coûterait, tous frais compris, 60 fr. environ le mètre courant et au minimum 55 fr.

Il reste donc une somme d'au moins 17 fr. 50 et plus exactement de 22 fr. 70 pour la dépense en matériaux (bois, rails) et en combustible et l'amortissement des frais qu'a entraînés l'installation.

Il est bon de noter que l'amortissement des frais d'établissement du compresseur et des appareils de perforation ne doit point se calculer de la même manière : car le compresseur, après achèvement des galeries, peut servir à fournir un moteur destiné par exemple à opérer le transport mécanique.

On peut donc dire que les frais sont à peu près les mêmes qu'à présent, ou du moins qu'ils ne sont pas beaucoup plus élevés ; en tous cas, ils ont plutôt une tendance à diminuer qu'à augmenter.

Avec les prix donnés plus haut, les ouvriers gagnent des salaires suffisants : le chef d'attaque environ 5 fr., les mineurs 3 fr. et 3 fr. 50, le chef-tireur 4 fr. par jour, etc., tous frais déduits.

Les résultats obtenus jusqu'à présent, qu'on ne doit pas considérer comme définitifs, permettent de bien augurer de l'avenir. Il y aura évidemment progrès. A ce propos, on doit féliciter hautement la Société Charbonnière de Marihaye d'avoir entrepris la solution du problème de la perforation mécanique et d'avoir proportionné ses moyens d'action de façon à lui garantir le succès [1].

IV. — Je n'ai pas comparé dans cette note, si ce n'est au point de vue économique,, le travail par la perforatrice avec celui à la main. On a dit, et je le crois, qu'un mineur intelligent, par la distribution et la position des trous de mines qu'il faisait jouer séparément, en diminuait le nombre en leur faisant rendre le plus grand effet utile, en même temps que, dans le creusement de ces trous, il proportionnait la grandeur de l'effort, la rotation du fleuret à la résistance à vaincre.

Le procédé mécanique, au contraire, domine par la force : l'effort reste le même, la rotation de l'outil est constante et l'appareil ne peut recevoir toutes les positions possibles — on se trouve limité sous ce rapport ; — de plus, tous les trous se faisant d'avance, il en est qui deviennent inutiles ou fonctionnent mal lors de l'abattage. Par conséquent, on dépense plus de force, on fait plus de trous et on consomme plus de poudre pour un effet donné.

J'avoue que je n'attache à cette comparaison qu'une importance relative. Car, ce qu'il importe avant tout, c'est d'aller plus vite et au même prix, si pas à meilleur marché. C'est là la véritable comparaison industrielle de tous les systèmes de creusement et des diverses perforatrices. La quotité de l'effort, le nombre, la direction des trous et le mode d'abattage sont choses fort intéressantes, sans doute, mais qu'on ne doit considérer, à mon sens, que comme des éléments d'études qui, l'expérience aidant, nous fourniront peut-être le moyen d'arriver à un appareil de plus en plus simple et de meilleur effet et à une organisation de travail donnant une utilisation plus grande des forces dépensées, tout en n'hésitant cependant jamais à sacrifier au besoin les questions secondaires au résultat final : le temps et le bon marché. La toile à la mécanique ne vaut pas la toile à la main, ce qui n'empêche pas que la première a détrôné la seconde par la rapidité de la production et le bas prix de revient.

---

[1] La perforation mécanique peut être appliquée également au creusement des puits et l'est en effet déjà dans le bassin de Saarbrück. MM. Dubois et François ont imaginé, pour la perforatrice Sommeiller, un affût présentant dans ses dispositions certaines particularités fort ingénieuses.

Si l'on cherchait, par exemple, à mettre l'ouvrier à même de graduer la percussion et la rotation du fleuret suivant la nature du terrain, ne risquerait-on pas d'apporter des complications nouvelles à un appareil déjà assez compliqué par lui-même, sans qu'on fût certain que le conducteur en tirât tout le parti possible et que l'économie de force fût assez sensible pour compenser au moins les embarras occasionnés ?

Envisagée au point de vue général de l'exploitation, la question qui nous occupe me paraît avoir des conséquences trop importantes pour qu'on n'en tienne pas compte dans l'appréciation qu'on peut en faire.

D'abord, l'emploi de l'air comprimé dans les travaux souterrains ne peut manquer d'exercer une heureuse influence sur les progrès de l'art des mines en faisant naître une série d'applications utiles.

L'établissement à chaque étage de grandes et longues artères dont le nombre et la direction dépendront de l'allure des couches et la présence d'un moteur rendront facile à installer le transport mécanique, trop peu étudié chez nous. On sera ainsi amené à concentrer les travaux sur un siége en élevant la production de chacun d'eux et à ne plus laisser, faute de temps, des coins ignorés dans la concession.

Il y a plus, sauf certaines circonstances spéciales, comme, par exemple, l'exploitation des parties superficielles, le nombre de siéges pourra être diminué. Car, que l'on fasse plus ou moins de puits, il est clair que, dans la majorité des cas, il faudra parcourir la concession du Nord au Sud. Et comme une galerie coûte meilleur marché qu'un siége, du moment que l'avancement sera plus rapide, on pourra diminuer le nombre de points d'attaque. Je ne vois pas les inconvénients des longues bacnures : l'air ne s'y perd pas par les remblais, comme dans les costresses : le transport, surtout s'il est bien organisé au mécanique, devient peu coûteux. Notons en passant que les anciens siéges sont quelquefois les mieux placés au point de vue du transport à la surface. Il est difficile d'ailleurs que tous ceux d'une même concession possèdent cet avantage au même degré, de sorte qu'il serait parfois plus économique — pour amener les charbons à un point donné d'expédition — de le faire par l'intérieur.

A l'extérieur, des difficultés peuvent se présenter. En tous cas, le creusement et le revêtement des puits, l'établissement de machines et de chaudières, les installations à faire à la surface, l'achat ou la location des terrains, la construction de voies de raccordement, etc., entraînent à des dépenses parfois très-grandes et dont l'utilité n'est pas toujours en rapport avec le chiffre. En outre, la surveillance devient plus difficile et les frais généraux plus élevés.

Malgré cela, cependant, n'a-t-on pas vu des Sociétés charbonnières se laisser entraîner à multiplier à plaisir le nombre de leurs bures, comme si elles enrichissaient le sol, au lieu d'en restreindre strictement le nombre et de dépenser une partie des capitaux considérables qu'on y employait à améliorer, consolider et mettre au niveau du progrès leurs puits existants ! On aurait ainsi assuré l'avenir de siéges, parfois très-bien situés et dont la durée est souvent compromise par l'abandon où on les a laissés ; en les outillant mieux, on leur aurait fait produire davantage, tandis qu'avec des galeries à travers bancs, on aurait pu atteindre à meilleur marché les zones à explorer ou à exploiter.

La perforation, et on peut ajouter le transport mécanique à l'air comprimé faciliteront l'observation des principes rationnels d'exploitation ; ils conduisent, en définitive, à la concentration des travaux, aux fortes extractions, à l'amélioration des siéges. Ajoutons à cela l'influence favorable qu'en ressentira l'assainissement des travaux, non-seulement par la présence en certains endroits d'air frais et pur, ou d'un moteur agissant sur un ventilateur, mais encore par la grande section que l'on obtiendra aisément pour les galeries de retour d'air.

Ce dernier avantage est d'autant plus à considérer que les volumes aspirés par les ventilateurs deviennent de plus en plus grands : ce qui tend à accroître la vitesse dans la bacnure d'aérage au-delà d'une limite où la sécurité des lampes de sûreté n'est pas loin de s'affaiblir considérablement.

Les frais qu'entraîne l'établissement d'un moteur de l'espèce ne sont cependant pas énormes, eu égard aux services qu'on peut en attendre.

Ainsi, une installation dans le genre de celle de Marihaye peut occasionner une dépense de 50,000 fr. environ (en supposant la machine nouvelle) pour les compresseurs, le réservoir et les conduites d'air comprimé ; le coût des appareils de perforation, qui n'y est compris, a été donné plus haut.

Si tous les charbonnages ne peuvent se permettre cette immobilisation de bon aloi, il en est au moins un grand nombre qui ont certainement les moyens de l'entreprendre trop facilement pour que leur attention ne soit point attirée sur une question dont la solution donnera satisfaction à leurs intérêts.

A ceux-là, sera-t-il besoin de dire : Qui veut la fin doit vouloir les moyens.

E.-J.-L. Thonard.

PARIS
LIBRAIRIE SCIENTIFIQUE, INDUSTRIELLE ET AGRICOLE
DE E. LACROIX

DE L'EMPLOI

PRATIQUE ET RAISONNÉ

DE LA FONTE DE FER

Dans les constructions

RECUEIL

D'EXPÉRIENCES, D'ÉTUDES ET D'OBSERVATIONS PRATIQUES
ADRESSÉ AUX INGÉNIEURS, AUX ARCHITECTES,
AUX CONSTRUCTEURS ET A TOUTES LES PERSONNES APPELÉES A SE SERVIR DE LA FONTE

PAR A. GUETTIER

Ingénieur et directeur de fonderie, membre de la Société des ingénieurs civils.

1 volume grand in-8° de 550 pages, accompagné d'un atlas de 24 planches. . . . . 30 francs.

L'ouvrage que nous présentons aujourd'hui au public est un cours pratique de l'emploi de la fonte, qui sera pendant longtemps le *Vade-mecum* des constructeurs et des élèves des Écoles spéciales. Les constructeurs y trouveront des chiffres tout faits résultats de travaux exécutés, par conséquent d'expériences pratiques et raisonnées ; ils éviteront ainsi toutes recherches de travail et de calcul.

Cet ouvrage est un recueil de notes recueillies à l'usine, au jour le jour, et réunies en un faisceau qui peut paraître au premier abord quelque peu hétérogène, en raison de la manière dont il s'est produit; qu'on recherche donc avant tout des renseignements ou des résultats expérimentaux exprimés sous leurs formes les plus simples.

Assez d'autres ouvrages, du domaine plus exclusif de la science, abondent en complications théoriques, sont surchargés des formules et des calculs dont l'aspect seul suffit pour écarter les hommes d'action, auprès desquels le temps, monnaie précieuse, a besoin d'être épargné.

Chez quelques auteurs qui ont traité à d'autres égards la matière qui nous occupe, il faut remarquer un certain penchant au dédain pour les données d'expérience et les recherches technologiques produites par les usines ; il faut noter le désir, difficile à contenter, de se montrer exclusivement théorique en faisant à peine quelques concessions mal comprises à l'autorité de l'expérience ?

Faire connaître la fonte, indiquer ses qualités comme aussi ses défauts, aider à en vulgariser l'emploi qui, sainement compris, doit trouver avec le temps des ressources toujours nouvelles, compléter par ces études les précédentes publications de l'auteur, en empruntant partout les données et les applications sérieusement pratiques qui peuvent servir au développement de ce sujet, telles ont été les intentions qui ont amené la publication du présent ouvrage.

Pour donner une juste idée de la manière dont il est traité, nous mettons sous les yeux du lecteur l'extrait de la Table des Matières.

TABLE DES MATIÈRES

Recherches sur la ténacité des fontes. — Données générales sur la fabrication des fontes. — Examen et réception des fontes moulées. — Procédés de conservation de la fonte et du fer. — Etudes sur la résistance des poutres en fonte. — Résumé des expériences des ingénieurs anglais sur les poutres en fonte.—Suite aux études sur les poutres en fonte. — Études sur la résistance et l'emploi des colonnes en fonte. — Données sur la construction des ponts en fonte. — De diverses constructions où la fonte est employée.—Note sur la fabrication et l'emploi des tuyaux de conduite en fonte. — De la fonte coulée en coquille, dite fonte trempée. — De la fonte soumise à la haute température.—Description de quelques appareils à essayer la fonte et le fer

APPENDICE

Analyse d'un travail de MM. Cadiat et Oudry sur l'emploi de la tôle, du fer forgé et de la fonte dans les ponts. — Quelques observations sur l'emploi de la fonte dans les constructions et spécialement dans les ponts. — Deuxième note de MM. Cadiat et Oudry. — Des constructions en fer et en fonte à l'Exposition universelle de Londres. — Réponse à la deuxième note de MM. Cadiat et Oudry.—Notes diverses concernant la fonte, — renseignements, formules, etc.

Cet ouvrage sera expédié, franco, contre la réception de la somme de trente francs adressée à M. Lacroix, éditeur.

AVIS

M. E. Lacroix a toujours, outre les livres de son fonds, un assortiment aussi complet que possible de toutes les publications qui intéressent MM. les Ingénieurs et Architectes, MM. les chefs d'usines industrielles et d'exploitations agricoles, MM. les Elèves des Écoles polytechnique et professionnelles.

Il envoie son Catalogue complet contre la réception de 1 franc en timbres-poste.

Il expédie, soit en France, soit à l'étranger, toutes les demandes accompagnées d'un mandat sur la poste ou d'un effet à vue sur Paris.

est employé à résister à des efforts de traction. — Expériences sur l'allongement du fer. — Allongements permanents. — Une barre soustraite aux chocs et aux vibrations peut porter indéfiniment une charge voisine de la rupture. — Comparaison des allongements instantanés et permanents du fer et de la fonte. — Observations sur la résistance utile et effective du fer doux et ductile. — Allongement de la tôle et de barreaux provenant de diverses parties de fer dits *spéciaux*. — Expériences de M. Vicat sur les allongements.

Allongement de l'acier. — Expériences de MM. Gouin et Lavalley. — Expériences de M. Venbrienck. — Analyse de ces expériences. — Écarts notables présentés entre les allongements des barres des mêmes provenances. — Formules reliant les charges aux allongements du fer sous ses diverses formes et de l'acier. — Résistance finale du fer, de la fonte et de l'acier à la rupture par traction.

Applications usuelles de la fonte à des efforts de traction. — Tuyaux de conduite. — Cylindres de machines à vapeur. — Presses hydrauliques. — Résistance du fer en barre, résistance du fil de fer à la traction. — Résistance de la tôle à la traction. — Résistance à la traction de certains fers spéciaux. — Résistance de l'acier à la traction. — De la résistance à la rupture par traction, de la tôle assemblée par des rivets, et accessoirement de la résistance des rivets au cisaillement. — Assemblage des feuilles de tôle.

Applications du fer et de l'acier sous leurs diverses formes avec appareils et constructions connus dans l'industrie. — Chaudières à vapeur. — Tuyaux de conduite. Chaîne. — Câble en fer. — Chaînes de formes diverses et leurs applications. — Chaînes employées dans les ponts suspendus, et au levage des grands ponts en tôle. — Chaînes de ponts suspendus en acier ou en fer d'une forme particulière. — Des câbles en fil de fer et accessoirement de quelques particularités de la résistance des fils de fer ayant trait à leur application aux ponts suspendus. De certaines résistances du fer se rapprochant plus particulièrement de la résistance à la rupture par traction. — De la résistance à la torsion, etc., etc., etc.

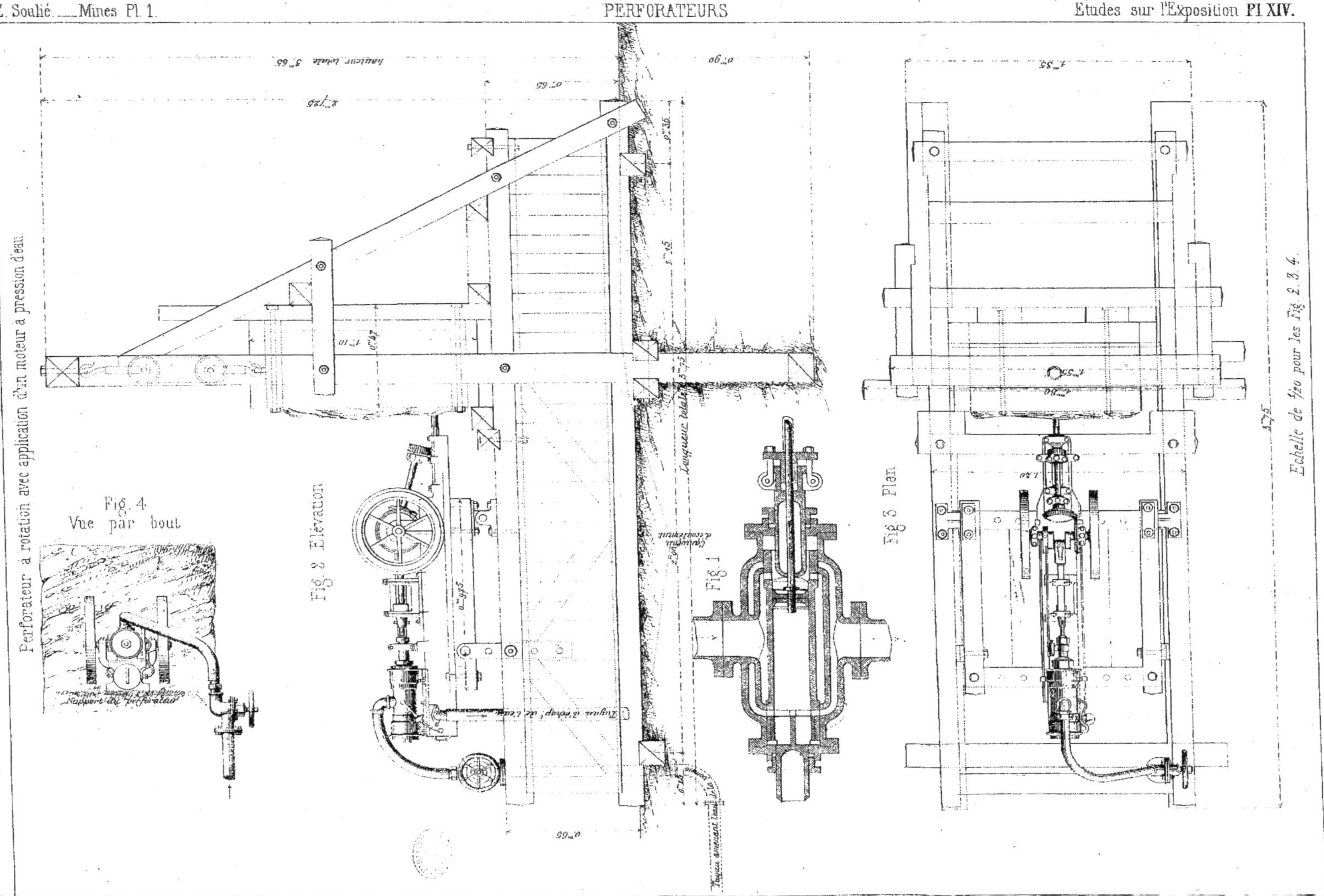

Perforateur à rotation avec application d'un moteur à pression d'eau.
Fig. 4
Vue par bout
Support du perforateur
Fig. 2 Elévation
Fig. 1
Fig. 3 Plan
hauteur totale 3ᵐ 65
Longueur totale 3ᵐ 75
Echelle de 1/20 pour les Fig. 2. 3. 4.

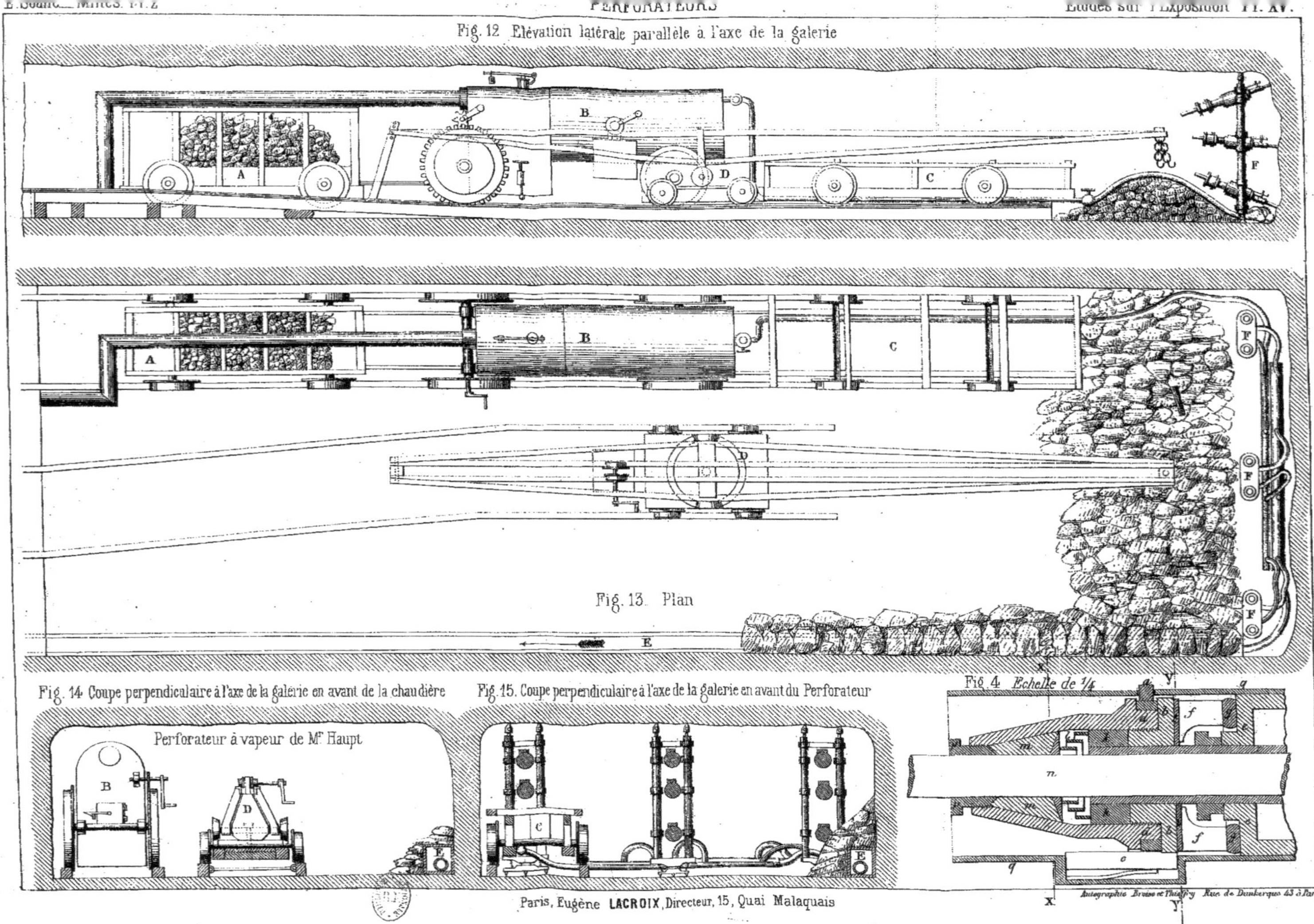
Fig. 12 Élévation latérale parallèle à l'axe de la galerie
A
B
D
C
F
A
B
C
F
F
F
Fig. 13 Plan
E
Fig. 14 Coupe perpendiculaire à l'axe de la galerie en avant de la chaudière
Perforateur à vapeur de Mr Haupt
B
D
E
Fig. 15. Coupe perpendiculaire à l'axe de la galerie en avant du Perforateur
c
E
Fig 4 Echelle de ¼
q
f
n
q
c
x
y

PERFORATEURS

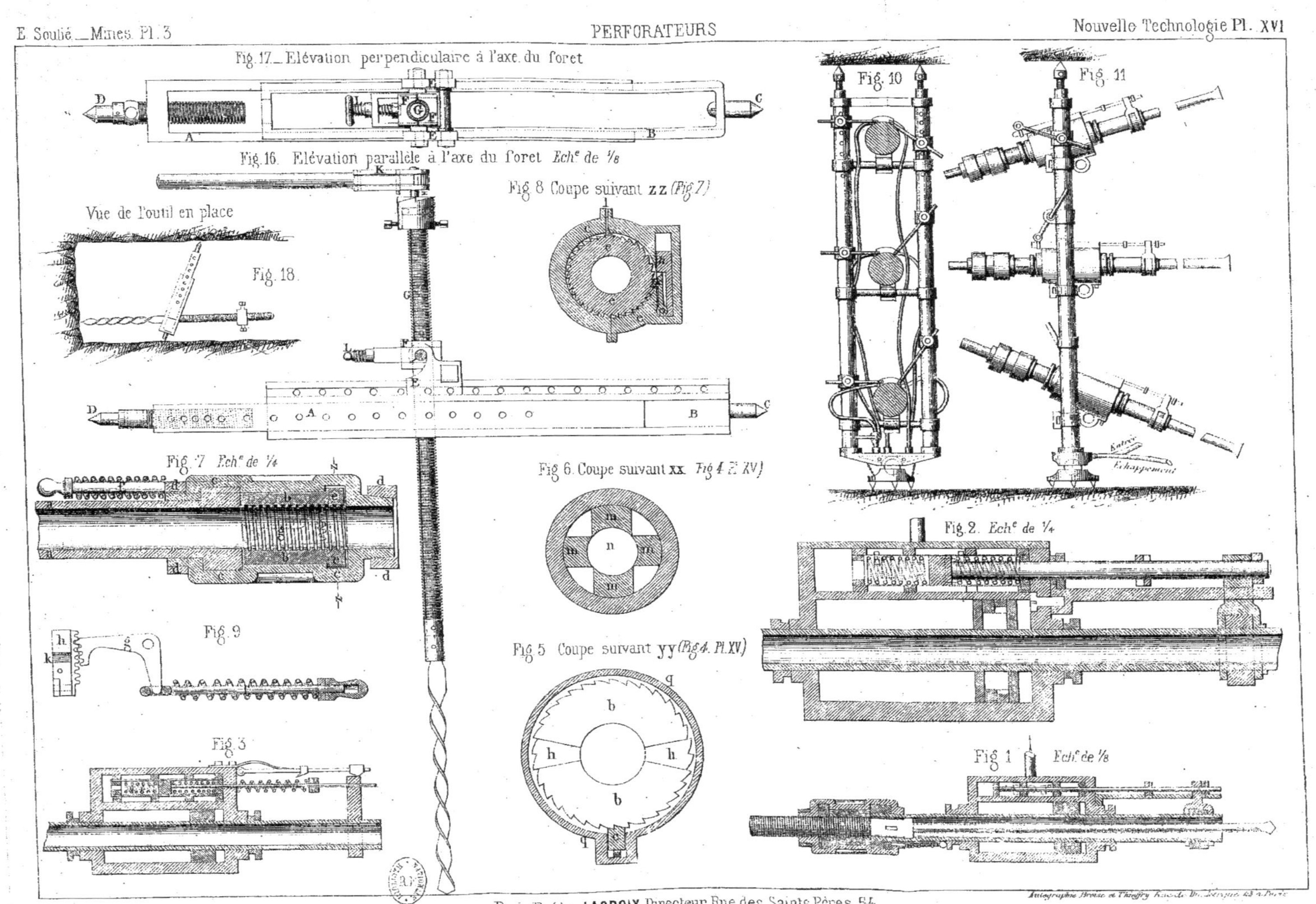

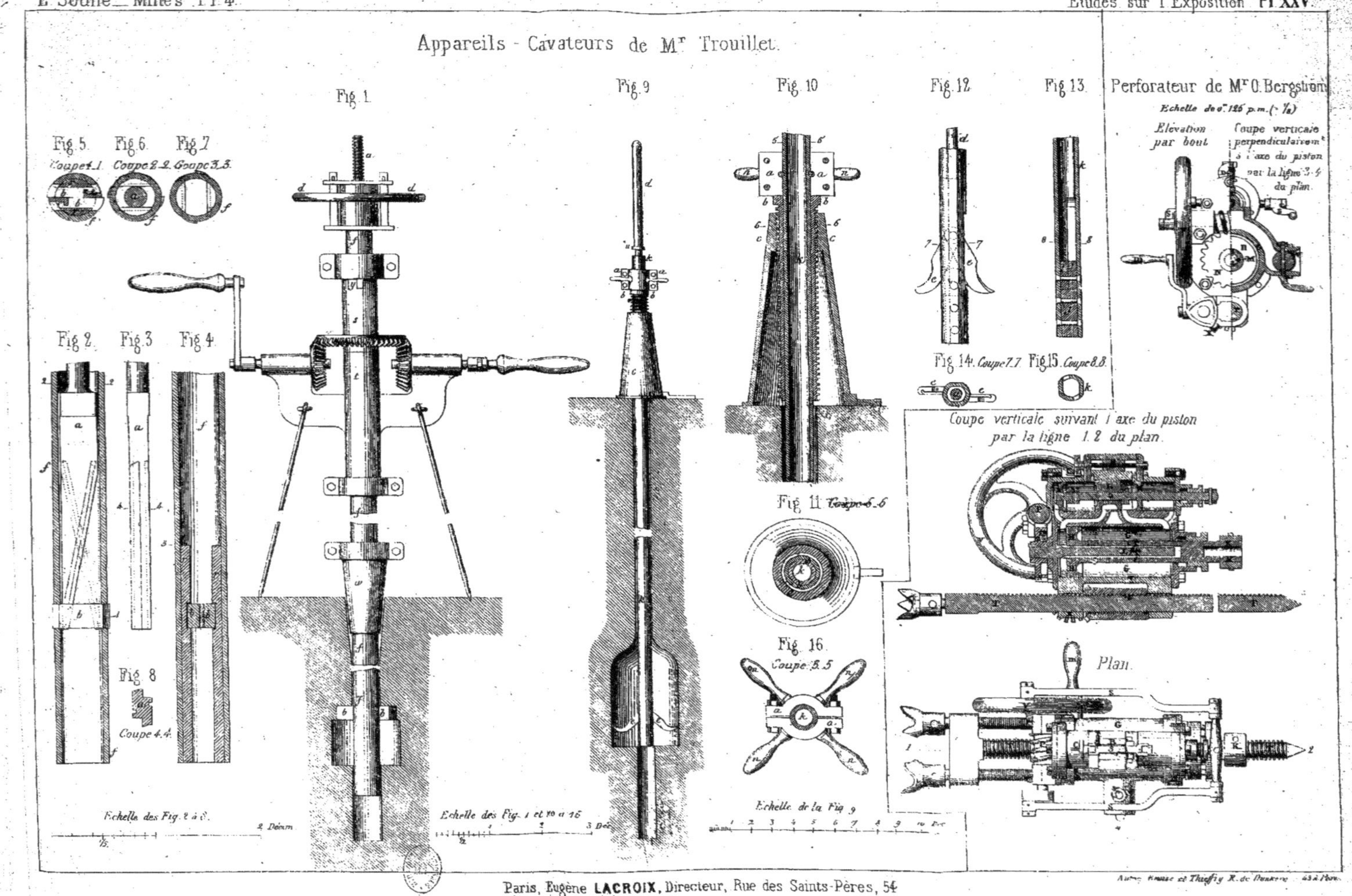

E. Souhé — Mines. Pl 4.
Etudes sur l'Exposition Pl XXV
Appareils - Cavateurs de Mr Trouillet.
Fig. 1
Fig. 9
Fig. 10
Fig. 12
Fig. 13
Perforateur de Mr O. Bergström
Echelle de 0.126 p.m. (⅛)
Elévation par bout
Coupe verticale perpendiculairem.t à l'axe du piston par la ligne 3.4 du plan.
Fig. 5
Fig. 6
Fig. 7
Coupe 1.1
Coupe 2.2
Coupe 3.3
Fig. 2
Fig. 3
Fig. 4
Fig. 14. Coupe 7.7
Fig. 15. Coupe 8.8
Coupe verticale suivant l'axe du piston par la ligne 1.2 du plan.
Fig. 11 Coupe 6.6
Fig. 8
Coupe 4.4
Fig. 16
Coupe 5.5
Plan.
Echelle des Fig. 2 à 8.
Echelle des Fig. 1 et 10 à 16.
Echelle de la Fig. 9
Paris, Eugène LACROIX, Directeur, Rue des Saints-Pères, 54

MACHINE A PERCER LES GALERIES DANS LE ROC

Coupe longitudinale suivant l'axe de l'arbre.

Coupe transversale suivant AA.

Vue d'arrière.

Échelle de 0ᵐ,0375 p. mètre.

Paris, Eugène **LACROIX**, Directeur, Rue des Saints-Pères, 54.

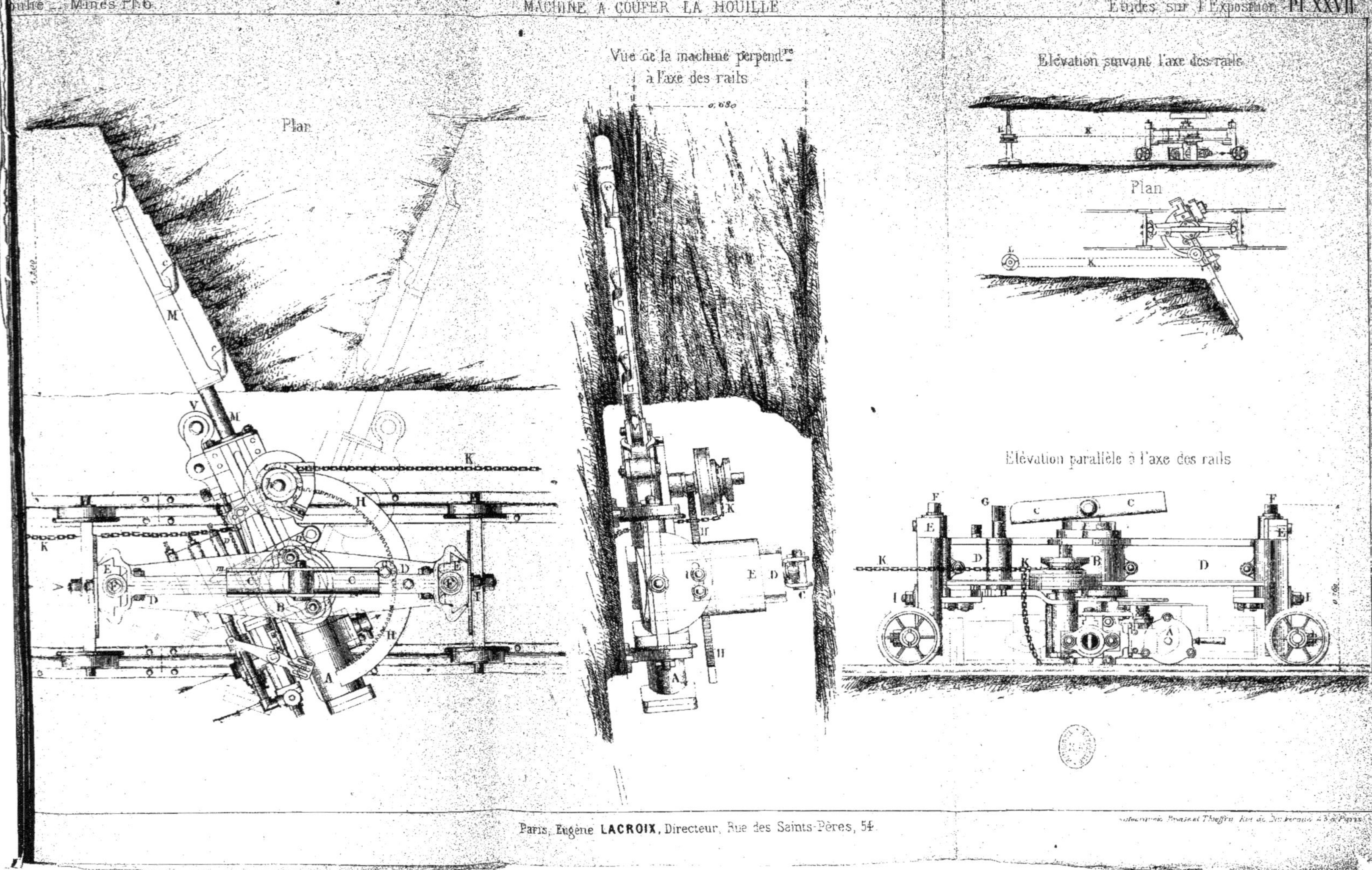
Plan
Vue de la machine perpend.re
à l'axe des rails
Élévation suivant l'axe des rails
Plan
Élévation parallèle à l'axe des rails

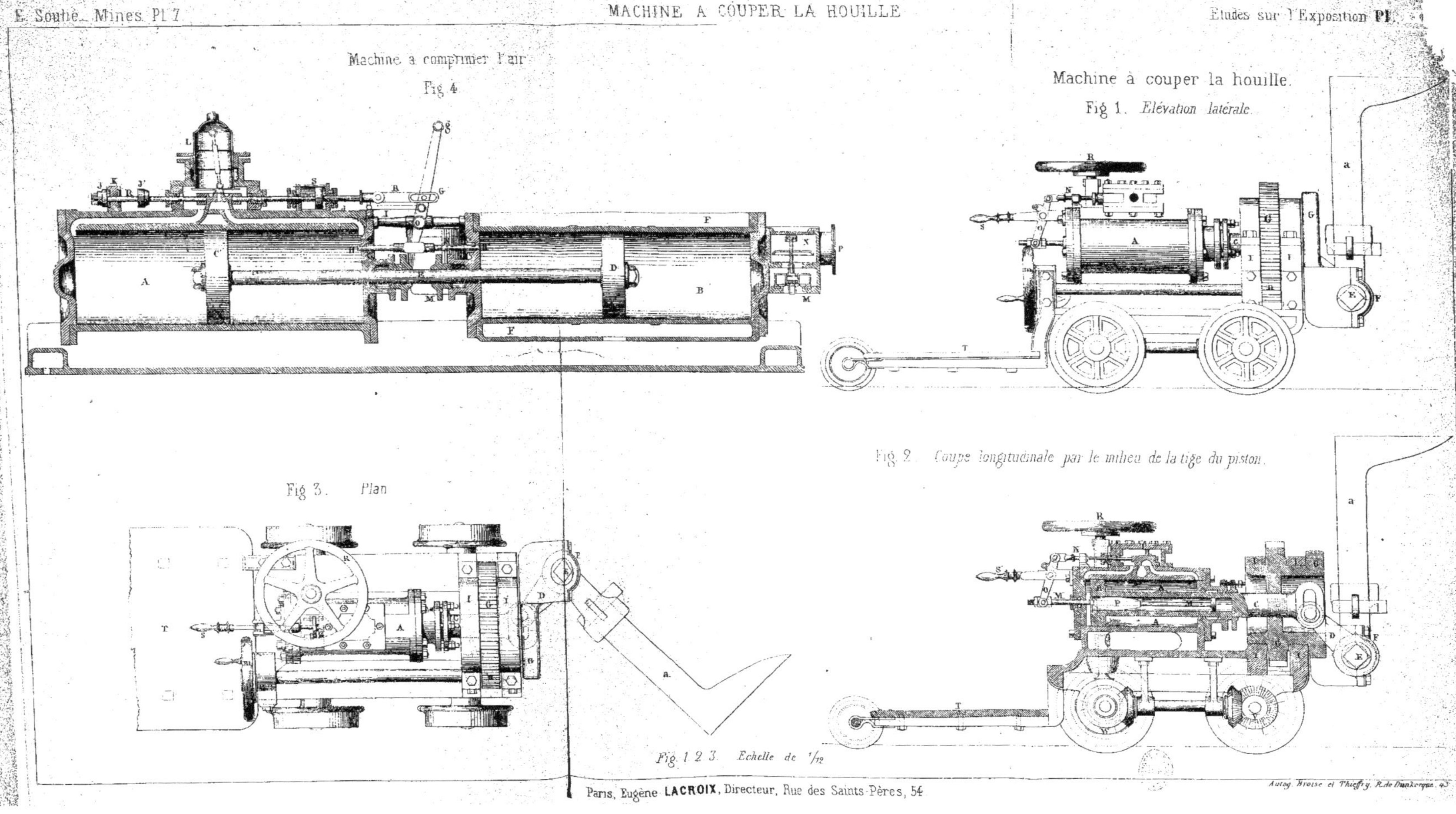

Paris, Eugène LACROIX, Directeur, Rue des Saints-Pères, 54

Autog. Broise et Thieffry, R. de Dunkerque, 45

MACHINE MOTRICE DE VENTILATEUR.

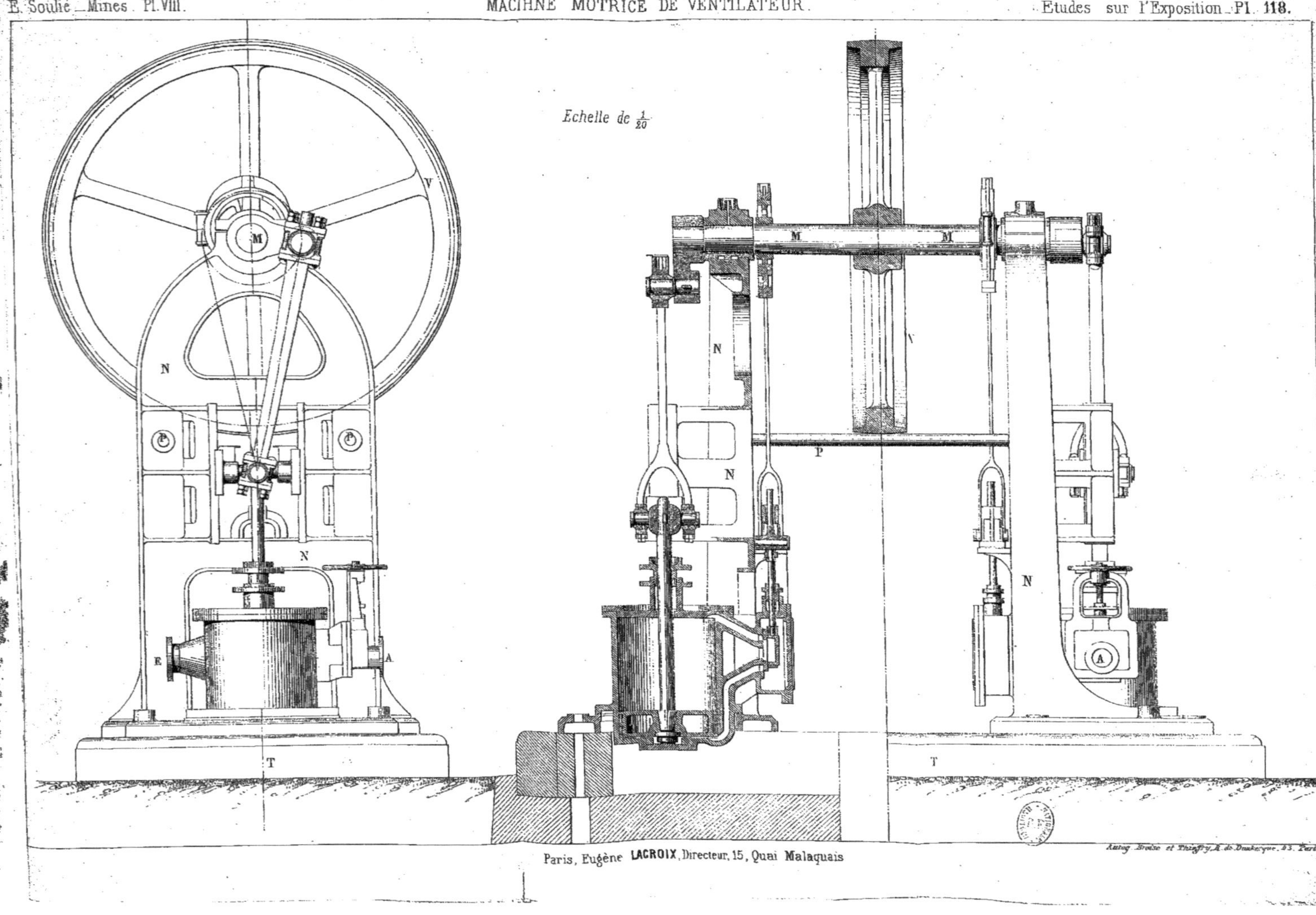

Paris, Eugène **LACROIX**, Directeur, 15, Quai Malaquais

Autog. Bresin et Thierry, A. de Dunkerque, 33, Paris.

MACHINE D'ÉPUISEMENT

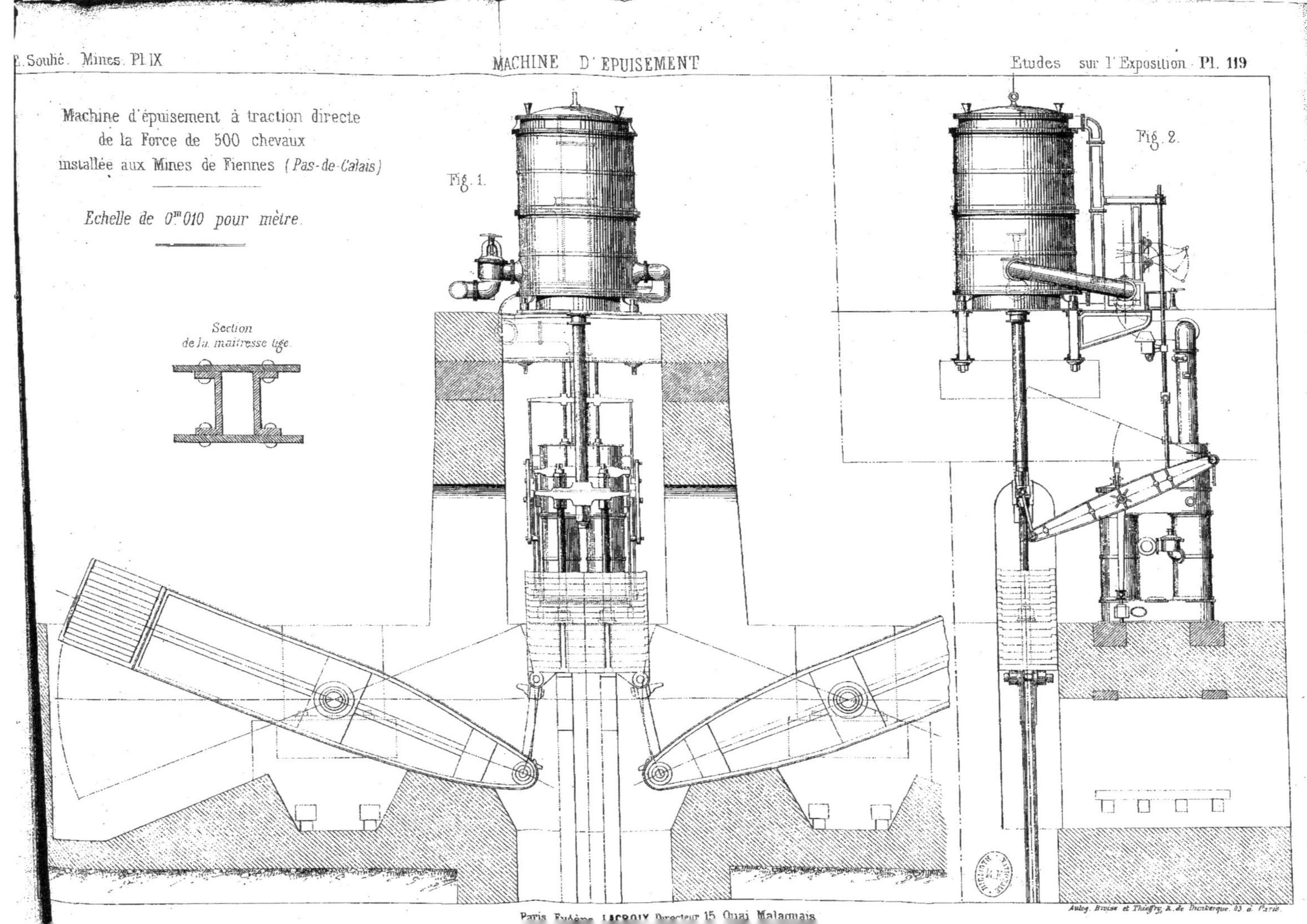

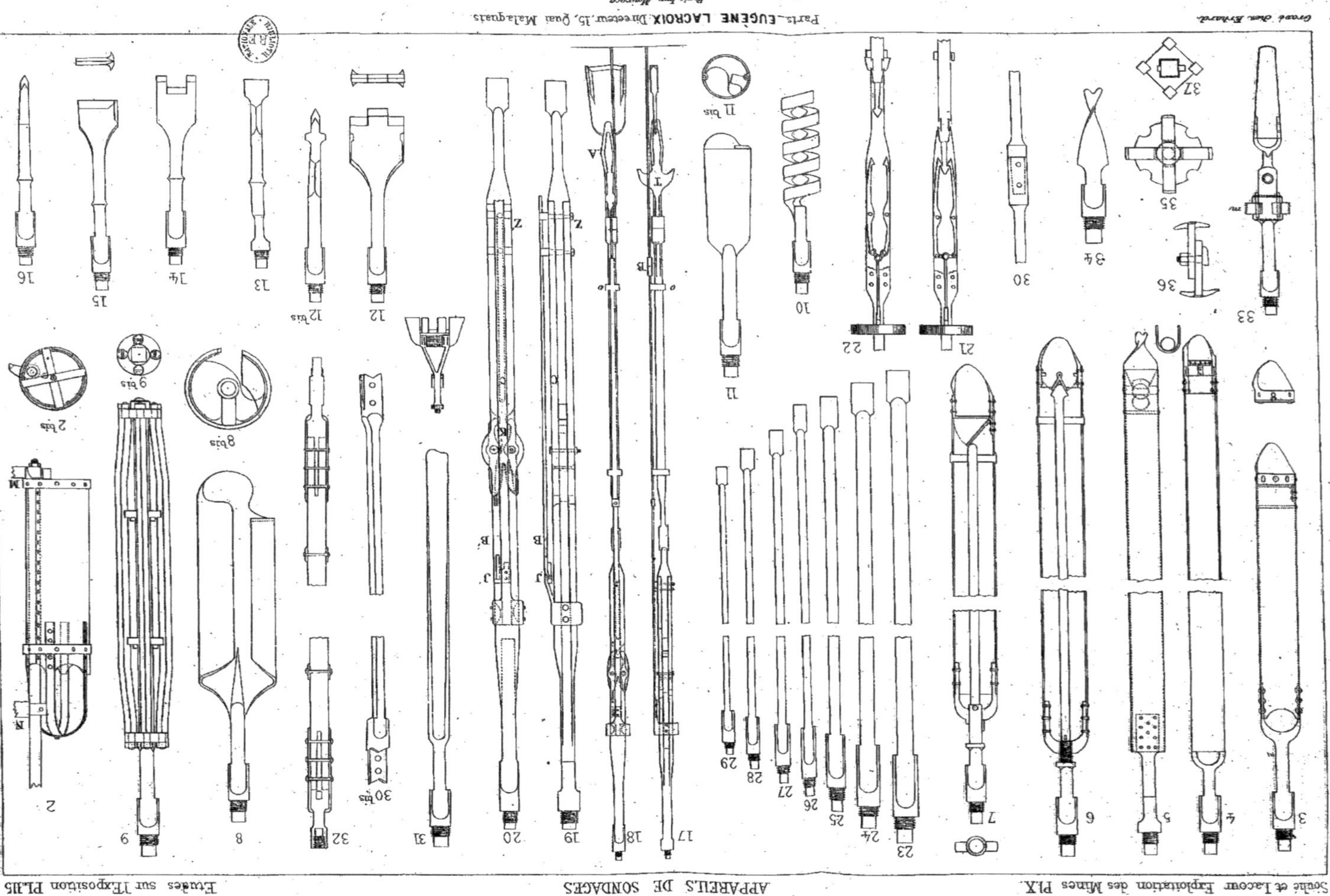

Soulié et Lacour Exploitation des Mines Pl.IX
APPAREILS DE SONDAGES
Études sur l'Exposition Pl.115
Paris.—EUGÈNE LACROIX, Directeur, 15, Quai Malaquais
Paris. Imp. Monrocq
Grand chez Erhard

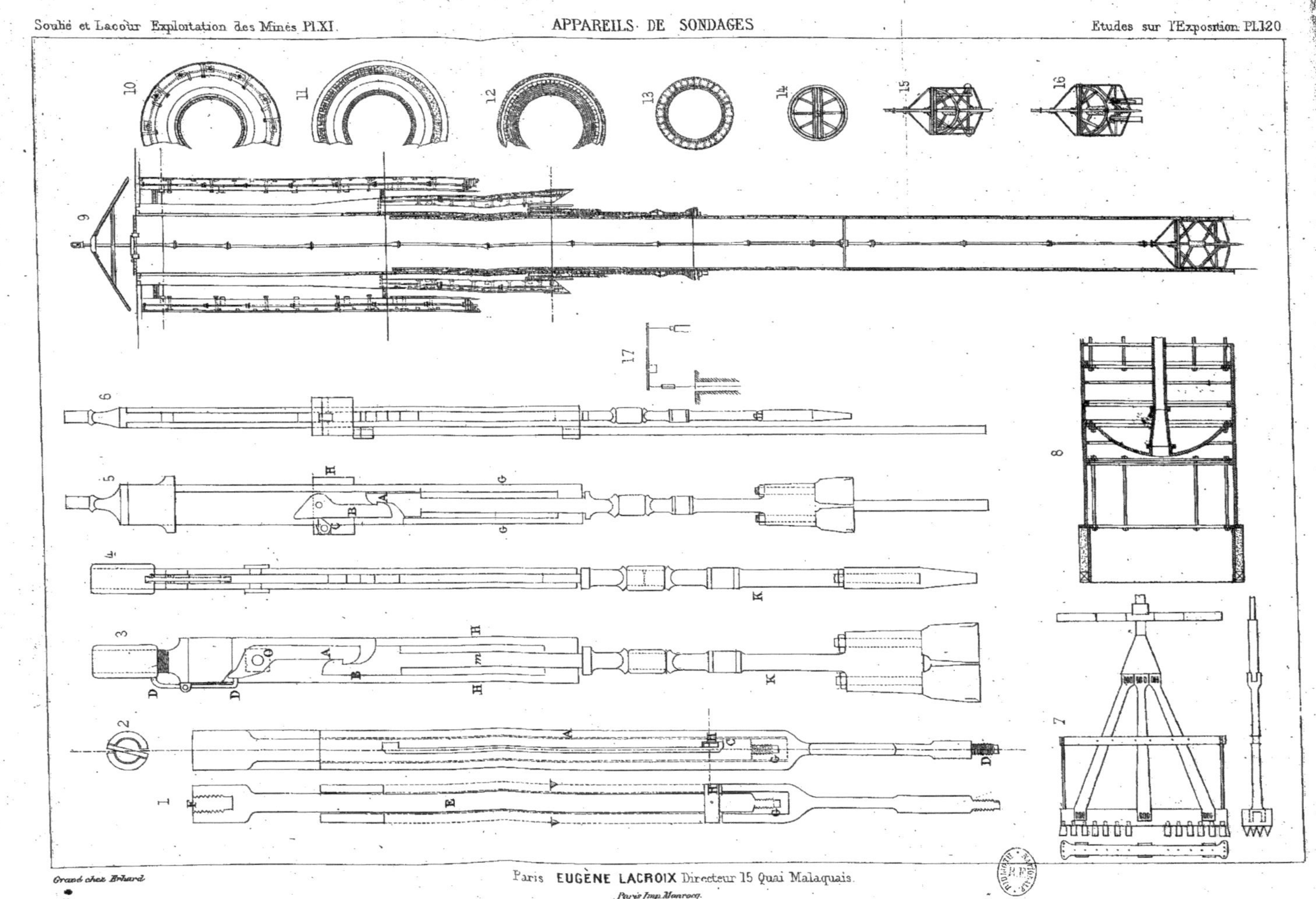

Soulié et Lacour Exploitation des Mines Pl.XI
APPAREILS DE SONDAGES
Etudes sur l'Exposition Pl.120
Gravé chez Erhard
Paris EUGÈNE LACROIX Directeur 15 Quai Malaquais
Paris Imp. Monrocq

APPAREILS DE SONDAGES

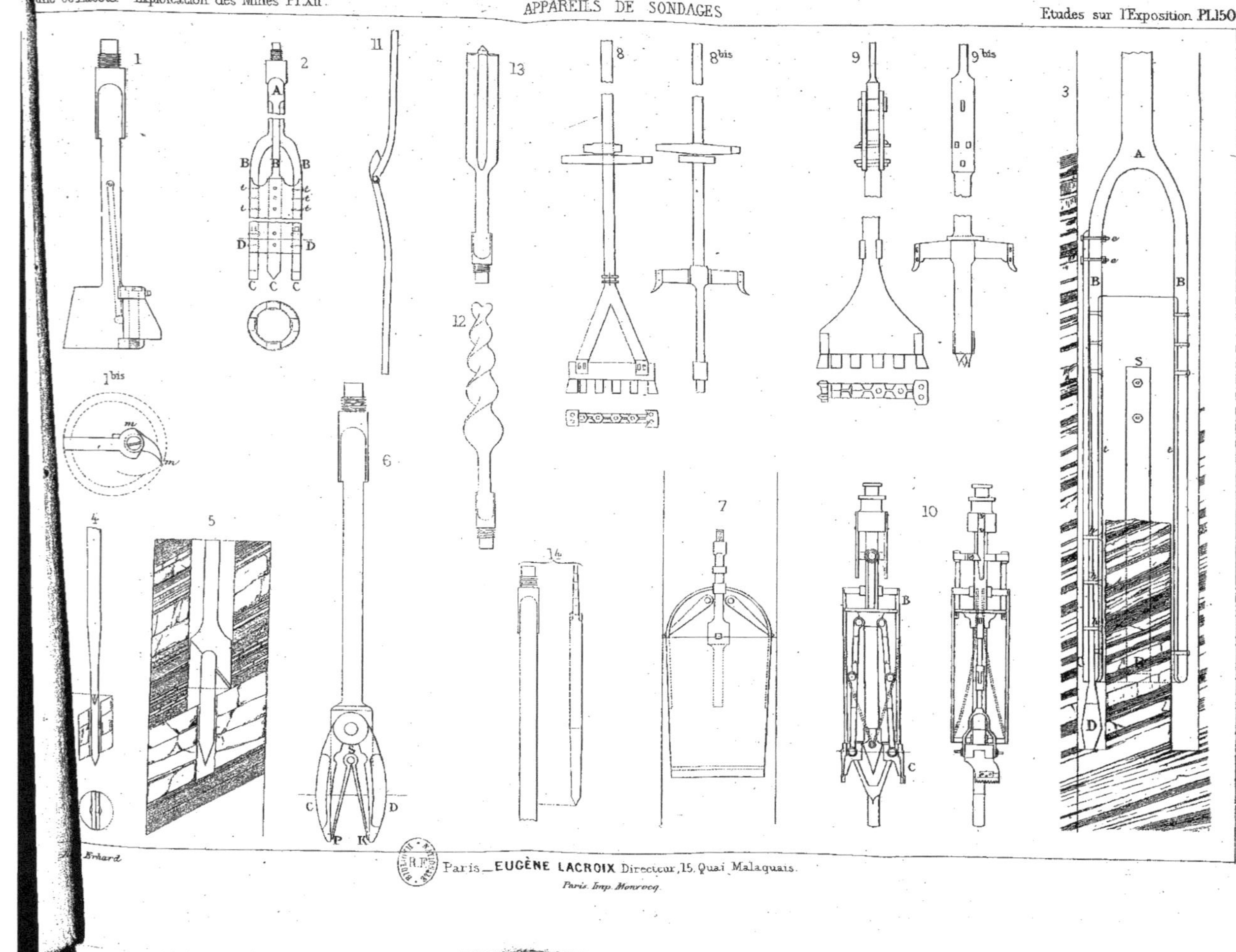

Paris.—EUGÈNE LACROIX Directeur, 15, Quai Malaquais.

Paris. Imp. Monrocq.

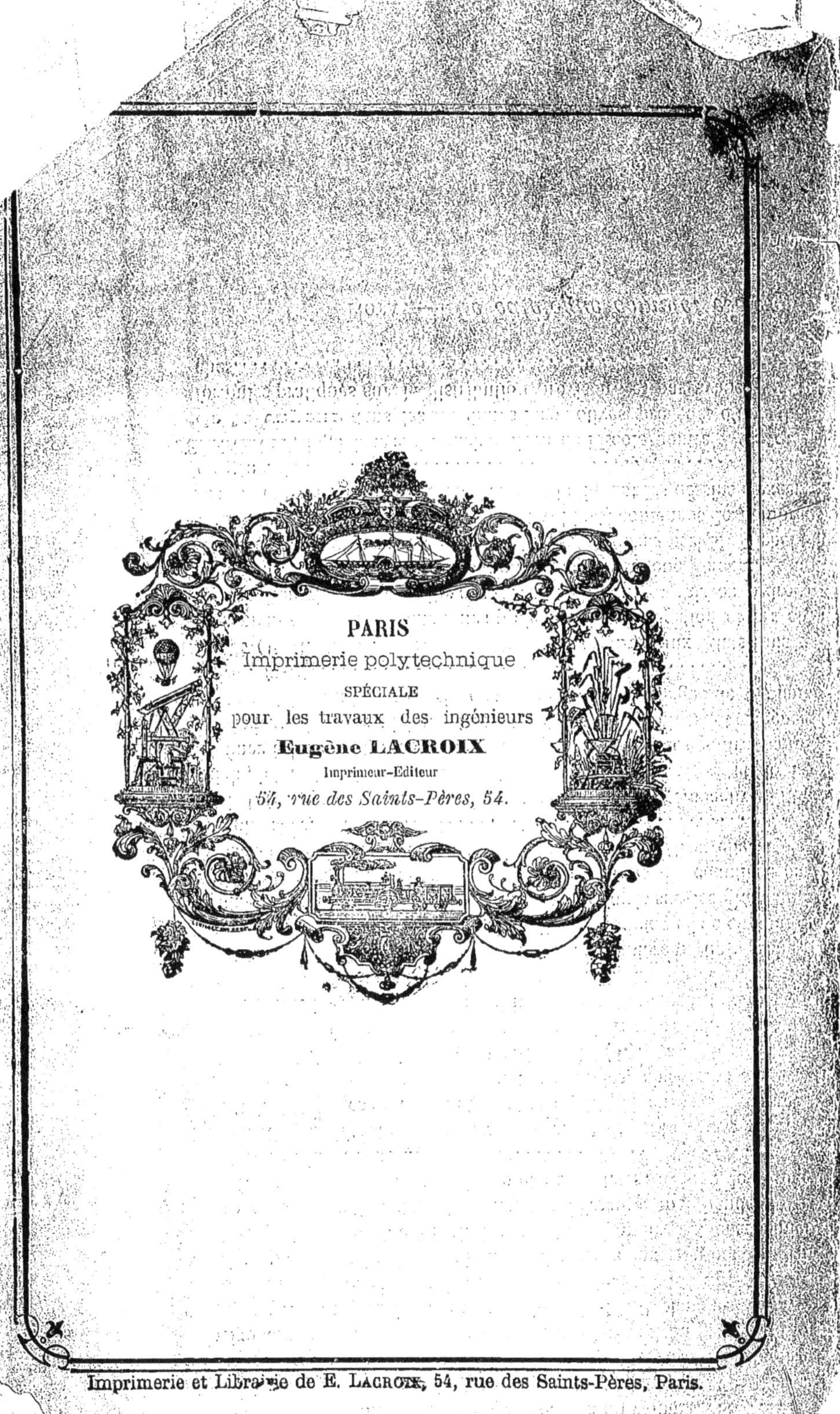

Imprimerie et Librairie de E. Lacroix, 54, rue des Saints-Pères, Paris.

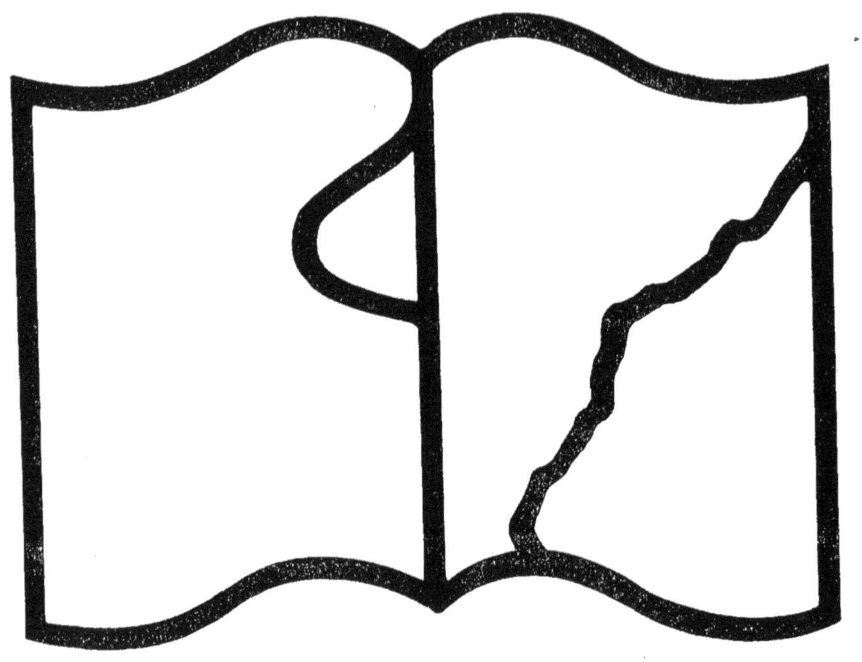

Texte détérioré — reliure défectueuse

NF Z 43-120-11

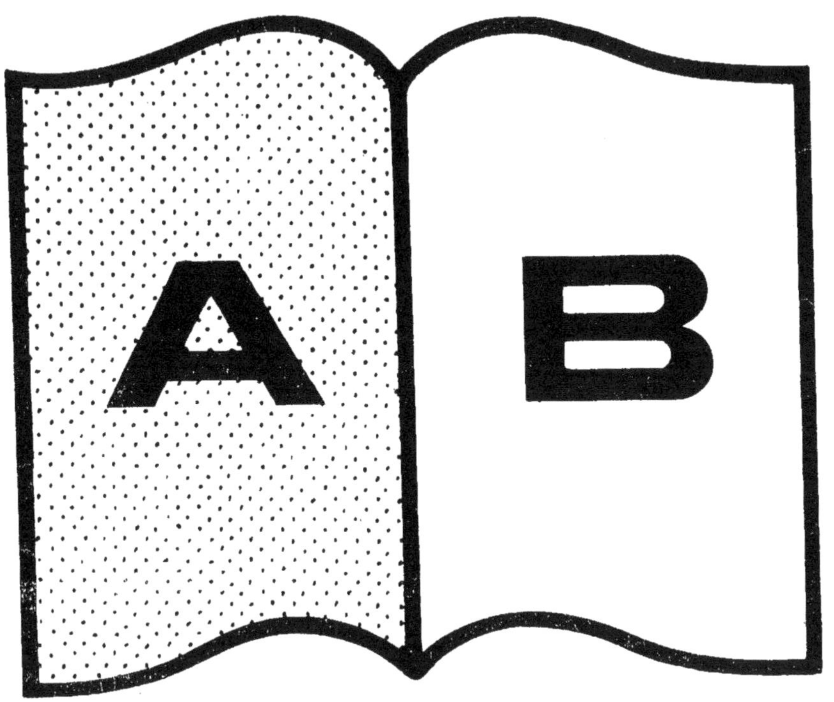

Contraste insuffisant

NF Z 43-120-14

www.ingramcontent.com/pod-product-compliance
Ingram Content Group UK Ltd.
Pitfield, Milton Keynes, MK11 3LW, UK
UKHW022232120726
13694UKWH00002B/813